大美黄山自然生态名片丛书

The Marvelous Hydrology in Huangshan

秀丽的黄山水文

徐光来　张正东　李爱娟　编著

大美黄山自然生态名片丛书编委会

（以姓氏笔画为序）

主　　编：汤书昆　吴文达

执行主编：杨多文　黄力群

编　　委：丁凌云　万安伦　王　素　尹华宝　叶要清　田　红

李向荣　李录久　李树英　李晓明　杨新虎　吴学军

何建农　汪　钧　宋生钰　林清贤　郑　可　郑　念

袁岚峰　夏尚光　倪宏忠　徐　海　徐光来　徐利强

郭　珂　黄　寰　蒋佃水　戴海平

北京时代华文书局

图书在版编目(CIP)数据

秀丽的黄山水文 / 徐光来，张正东，李爱娟编著. — 北京 ：北京时代华文书局，2021.12

ISBN 978-7-5699-4465-5

Ⅰ. ①秀… Ⅱ. ①徐…②张…③李… Ⅲ. ①黄山—水文—介绍 Ⅳ. ①P337.254

中国版本图书馆 CIP 数据核字(2021)第 243416 号

秀 丽 的 黄 山 水 文

XIULI DE HUANGSHAN SHUIWEN

编 著 者 | 徐光来　张正东　李爱娟

出 版 人 | 陈　涛
选题策划 | 黄力群
责任编辑 | 周海燕
特约编辑 | 乔友福
责任校对 | 陈冬梅
装帧设计 | 精艺飞凡
责任印刷 | 訾　敬

出版发行 | 北京时代华文书局 http://www.bjsdsj.com.cn
　　　　　 北京市东城区安定门外大街 138 号皇城国际大厦 A 座 8 楼
　　　　　 邮编：100011　电话：010－64267955　64267677
印　　刷 | 湖北恒泰印务有限公司，027－81800939
　　　　　 (如发现印装质量问题,请与印刷厂联系调换)
开　　本 | 710mm×1000mm　1/16　印　张 | 8　字　数 | 144 千字
版　　次 | 2022 年 5 月第 1 版　印　次 | 2022 年 5 月第 1 次印刷
书　　号 | ISBN 978-7-5699-4465-5
定　　价 | 48.00 元

前　言

　　本丛书是黄山风景区管委会（HSAC）委托项目，系联合国粮农组织（FAO）与全球环境基金（GEF）资助课题"黄山地区生物多样性保护与可持续利用"后续项目，旨在将调查学术成果科普化，本册为本丛书的水文分册。

新安江妹滩大坝（汪钧　摄）

　　本册分为三章，意图从丰富的水资源、美丽的水景观和厚实的水文化等三方面展现黄山的美。第一章为"黄山水资源"，主要介绍黄山多样的河流名称、新安江、阊江、黄山水资源概况、黄山水利、黄山水质和新安江生态补偿机制概况，以期从自然地理的角度展现黄山的水资源概况。第二章为"黄山水景观"，主要介绍渔梁坝、练江、太平湖、丰乐湖、黄山瀑布、黄山深潭、翡翠谷、天湖等美丽的水文景观以及其中蕴含的科普知识，以期从景观的角度展现黄山的美丽水景。第三章为"黄山水文化"，主要介绍涉水而居的宏村、呈坎、唐模、雄村等古村落，以及古渡口、水口文化等，以期展现景观背后的文化内涵，赋予自然景观以灵魂。

　　本册编写者为来自安徽师范大学和合肥董大水库从事水文相关工作的人员。作者接到此次编著任务后，感到非常高兴，可以借此机会对大美黄山河流湖泊之美进行较为系统的梳理；同时又有些许担心，由于水平有限，恐不能把黄山的水文美淋漓尽致地表达出来。

　　感谢为本册提供照片素材的歙县摄影家协会的汪钧、姚玉芳等老师和黄山市翡翠谷、呈坎旅游公司等企业的人员，是他们提供的优美图片让文字更为鲜活。本册撰写过程中还引用和参考了许多文人墨客的佳句妙笔，这里不能一一列举姓名，谨表感谢！如有涉及原创版权，请告知我们。

　　参与本册写作的还有杨强强和池建宇两位硕士研究生。鉴于水平有限，书中难免存在遗漏、错误和不足之处。请读者不吝赐教，以便再版时更正。

目　录

第一章　黄山水资源

　　黄山市降水丰富，地表起伏不平，地貌类型复杂多样，这些自然地理条件造就了黄山地区众多的河流。黄山地表水资源总量丰富，水环境良好，其水质在安徽省内首屈一指。黄山的主要河流新安江蜿蜒流长，其上游位于黄山市境内，下游进入浙江省境内。黄山市新安江流域已成为全国著名的生态补偿机制示范区。

　　本章从自然地理的角度介绍黄山丰富的水资源。

仙境丰乐河（姚玉芳 摄）

第一节 大江小溪道黄山

　　率水，由于上游有古率山，故得名率水。率水的别称与新安江同，都叫渐江。作为新安江最大的一条支流，率水像一条奔腾的巨龙，从休宁、婺源交界之六股尖起步，越过皖南崇山峻岭，一路上接纳千溪百流，千回百转，村落点点，浩浩荡荡，山水交相辉映之间颇有"山是眉峰聚，水是眼波横"的意蕴。

山环水绕的率水（欣喜 摄）

一、水系分布

　　黄山市位于安徽省最南端，属亚热带季风湿润气候，四季分明，雨量充沛。按水资源分区全市划为富春江水库以上（新安江流域上游）、闾江和青弋江水阳江三个三级区。新安江、闾江、青弋江水阳江流域面积分别为5615平方千米、1976 平方千米、2216 平方千米，各占全市面积的 57％、20％、23％（2018 年黄山市水资源公报）。新安江水系是安徽三大水系之一；发源于黄山北坡的青弋江，北流入长江；发源于黄山南坡西段的阊江，南流入鄱阳湖，均属长江水系。

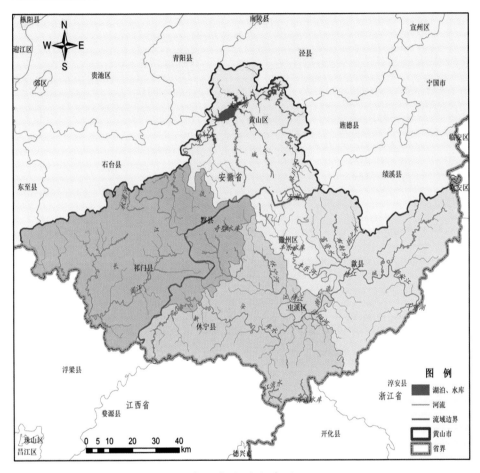

黄山市水系分布图

1. 新安江水系

新安江发源于皖赣交界的五龙山六股尖，上源流经祁门县，复入休宁以后称率水，在屯溪纳横江后始称为新安江，江面展宽，流至歙县城南朱家村又有练江来汇，称为新安江，至皖、浙界街口注入新安江水库。新安江横贯黄山市，境内全长 212 千米，两岸支流众多。有 10 千米以上支流 57 条，总长 1778.5 千米；10 千米以下小河流 606 条，总长 2033.8 千米。河网密度为安徽省之最。新安江流域在黄山市各县（区）的面积分别是：黟县433.0平方千米，休宁县2063.8平方千米，屯溪区248.9平方千米，徽州区423.8平方千米，祁门县121.1平方千米，歙县2236.2平方千米，黄山区87.8平方千米。

新安江起点朱家村（汪钧 摄）

2. 青弋江水系

青弋江水系是黄山北坡的最大水系，源于黄山市东北部，源头繁杂。祁门、黟县、石台、旌德、绩溪均有水汇入，其主河源有舒溪河、麻川河和徽水。位于青弋江上游的太平湖，波光潋滟，山色空蒙，恬静明丽，妩媚而动人。青弋江水系在黄山市境内干流总长度286.4千米，流域面积2029.2平方千米，其中黄山区1581.2平方千米、黟县414.0平方千米、祁门县34.0平方千米。

3. 鄱阳湖水系

黄山市属鄱阳湖水系的河流有祁门县的阊江和休宁县的乐安江，其流域面积分别为1914.6平方千米和61.3平方千米。阊江位于黄山市西部，发源于祁门县大洪岭南坡，流域覆盖祁门的面积约85%，由倒湖流入江西景德镇市境内，由鄱阳湖汇流入长江。

二、多样的河流通名

我国河流通名丰富多样。除了"河"以外，使用较广的河流通名还有沟、渠、曲、溪、江、水、川、运河等。"沟"主要分布在长江上游地区，以岷江流域最为多见，如岷江流域的瀑布沟。"渠"主要分布在黄河上游、海河流域和西北内陆河地区，如陕西的龙首渠。"曲"是藏语河流的通称，主要分布在西藏地区、长江上游内流区、柴达木盆地等，如西藏的那曲、巴曲。"溪"主要分布在我国东南沿海的浙江和福建，如浙江的苕溪。江、水、川都是历史上使用较多的河流通名，但现在较少使用。以"江"为通名的河流主要分布在南方地区，最具代表性的便是长江。以"水"为通名的河流主要分布在洞庭湖和鄱阳湖水系，如前文所提及的率水。通名为"川"的河流则以黄河中游地区分布最为普遍。"运河"实际上是人工渠道，如著名的京杭大运河。

横江晚霞（姚玉芳 摄）

黄山河流的通名也不唯一，有江、河、溪、水、川、坑、源等称谓。

黄山地区的新安江素以水色佳美著称，除了享誉中华的新安江，黄山地区还有阊江、横江、练江等多条大江。

黄山地区的河则主要有丰乐河、麻川河、秧溪河等，其中丰乐河的得名据说还有一个美丽的传说。传说神鸟凤凰飞经此处为小河的秀美所折服，在此小憩。由于凤凰是神鸟，寓意着吉祥，人们为了纪念此事以及表达对美好生活的追求，遂将小河命名为"凤落河"，在长期传承之中，音字逐渐讹转，遂成"丰乐"二字。过去"凤落""丰乐"二名一向并存，20世纪50年代后，地名统一规范，定名"丰乐"。

丰乐水库大坝泄洪（汪钧 摄）

麻川河，又名东埠河，源于黄山布水峰（海拔 1459 米），流经汤口、谭家桥、三口、仙源、新明，由新明乡浮溪口注入太平湖。麻川河是青弋江正源的上游，古县志记麻川河"山高水深，驾飞虹于水上有濠梁之景焉"，其雄伟壮观可见一斑。麻川河沿岸风光旖旎，江南奇秀集于此。麻陵潭、麟凤桥、板石垂钓、狮子石、寨山等都是古代太平著名的游览景点。麻川河的水量充足，生物多样性丰富。

秧溪河，源出黄山光明顶（海拔 1860 米），经焦村镇峰景、陈村、双溪街、汤家庄，在黄山区太平镇上坡村河口注入太平湖，全程 44.9 千米，流域面积 205.9 平方千米。其支流中的一支名焦村水，有三源：一源出焦村梭里（旧为焦村水）；一源出焦村玉屏峰（旧为巷口水）；一源出黄山松林峰。

婆溪河，源于黄山狮子峰（海拔 1690 米），流经耿城乡，由共幸村注入太平湖，全程 34.5 千米。其支流主要有沟村水、饶村水、甘棠水、刘村水和兴村水等。

佘溪河，发源于太、黟边境的三府尖（海拔 1227 米），流经黟县五溪山、竹溪、上下茅田至黄莲坑水口入黄山区，经售口、高桥口，由船渡岗注入太平湖。有郭村水、贤村水、地理溪等主要支流。

清溪河，属青弋江水系，源于祁门县边境大洪岭北翼与黟县美溪大山中，流经黄山区汇合王村河注入太平湖，全程 53 千米。有长度 10 千米以下的支流 19 条，唐川河、打鼓河为其中较大的支流。

浮溪河，发源于黄山浮丘峰（一说桃花峰），经汤口镇浮溪、寨西、芳村进入徽州区。三十几间白墙黑瓦的农舍散落在桃花峰南坡脚下。山坳处雾白如纱静如水，微风掠过，撩起层层涟漪；而山顶处的云却被山风吹扯得丝丝缕缕，缭绕辗转，挥之不去。若说浮溪的尽头是云门峰，那浮溪村便是云雾之乡的庭院了。

阮溪河，发源于冈村大弯，经箬坑、五里亭至冈村，而后入徽州区汇合浮溪河经丰乐水库入新安江。

丰乐霞光（姚玉芳 摄）

三、潺潺溪水

溪，也指一般的小河，水文学上一般指窄于 5 米的水流。

黄山的锦溪、桃花溪、白云溪实为一溪三段，溪中瀑、潭、穴地貌多样，两岸亭台楼阁点缀，林竹茂密。

桃花溪，位于桃花峰下，上自桃花源，下至名泉桥，汇莲花、朱砂、白云、天都、阴坑诸水，下注汤泉溪，两岸竹林茂密，名贵花木甚多，是一处很好的风景点。传说旧时沿谷有上万棵桃树，花开季节，到处是缀满山冈的桃花；桃花凋谢的季节，落红满溪，繁如群星，神迷欲醉，桃花溪由此得名。

位于黄山风景区的汤泉溪，上自白云溪，下至逍遥溪，因这段溪水汇入了温泉水而得名汤泉。汤泉溪全长约 0.75 千米，溪水常年不竭，一溪卵石，大者逾丈，奇丽动人。《歙县图经》记载："汤泉溪中有汤泉"，"热可点茗"。

罗汉峰西侧的苦竹溪既有独特的学术价值，又具有悠久的历史传说。相传，苦竹溪原名"古迹溪"，溪边住着一位姑娘，爱上了一位小伙子。后来当地一个财主看中了这姑娘，便设下毒计将小伙子杀害，霸占姑娘为妾。姑娘悲痛欲绝，逃进竹林，在小伙子坟上哭得死去活来，心酸的泪水浸透了坟土，滋润了竹林，流进了溪中。从此，这里的竹子、溪水都含有苦味。于是，古迹溪就被改名为"苦竹溪"。沿溪景点颇多，风光优美。

黄山地区除了江、河、溪外，还有称为"水"的河流名称，如率水、扬之水、富资水等，以及川、坑、源等诸多河流的名称。

穿越许村的富资水（汪钧 摄）

　　富资水是新安江支流练江的支流，源出黄山黑门尖、上扬尖等山峰南麓，有丰、防二源。丰源出自上扬尖，至小石门纳白蛇溪，再经岩源、上丰至丰口与防源汇合；防源出自黑门尖，至许村纳前溪，至下蒲田纳塔山水，至丰口与丰源汇合。流经富揭至沙溪，纳白沙河，流至歙县县城附近与布射、扬之、丰乐等水汇合而称为练江。河道长 37.75 千米，宽 32～33 米，坡降 5.15‰，流域面积 211.54 平方千米，河床淤积砂、卵石。

富资水（姚玉芳 摄）

李白的《送温处士归黄山白鹅峰旧居》这样写道：

黄山四千仞，三十二莲峰。

丹崖夹石柱，菡萏金芙蓉。

伊昔升绝顶，俯窥天目松。

仙人炼玉处，羽化留余踪。

亦闻温伯雪，独往今相逢。

采秀辞五岳，攀岩历万重。

归休白鹅岭，渴饮丹砂井。

风吹我时来，云车尔当整。

去去陵阳东，行行芳桂丛。

回溪十六度，碧嶂尽晴空。

他日还相访，乘桥蹑彩虹。

　　这首诗是李白为送好友温处士归故居黄山所作，充分描绘了黄山的秀美。"仙人炼玉处，羽化留余踪"，将黄山比作羽化为仙之地，足见对黄山评价之高。"归休白鹅岭，渴饮丹砂井"，"丹砂井"水指的就是自朱砂峰流下来的泉水，甘甜可口，充分表明黄山水之清。

相关链接

降水与蒸发　降水的主要形式是降雨和降雪，前者为液态降水，后者为固态降水，其他的降水形式还有露、霜、雹等。

　　蒸发是水文循环中自降水到达地面后由液态或固态转化为水汽返回大气的阶段。陆地上一年的降水约66%通过蒸发返回大气，由此可见蒸发是水文循环的重要环节。而对径流形成来说，蒸发则是一种损失。蒸发在水量平衡研究和水利工程规划中是不可忽视的影响因素。蒸发类型包括：

　　水面蒸发：蒸发面为水面时称为水面蒸发。

　　植物散发：蒸发面是植物茎叶则称为植物散发。

　　土壤蒸发：蒸发面为土壤表面时称为土壤蒸发。

　　陆面蒸发：因为植物生长在土壤中，植物散发与植物所生长的土壤上的蒸发总是同时存在的，通常将二者合称为陆面蒸发。

第二节　山水画廊新安江

　　新安江别名渐江、浙江、徽港，从徽州奔流而出，翻过古徽州层峦叠嶂的群山到达浙江省。因此新安江又可分为安徽段和浙江段。作为拥有众多冠绝中华大地旅游胜地的国家级风景名胜区，新安江素有"奇山异水，天下独绝"的称号。

雾漫三江口（姚玉芳 摄）

一、自然新安

新安江上游流域位于黄山山脉和白际山脉之间。该地区是安徽省名副其实的多雨中心，这里每年降水量为1700～1800毫米，得益于这里属于亚热带季风湿润气候，形成了对新安江而言举足轻重的两条河流——率水和横江。从休宁县六股尖而出的率水是新安江的主源（六股尖是新安江、钱塘江和富春江三江的源头之一，又称"三江源头"），横江则起源于黟县章岭的白顶山。率水和横江孕育了奔腾不息的新安江，称率水、横江为新安江的父母河亦不为过。

新安江上游复杂独特的地形令人印象深刻。平坦的盆底平原、台地和陡峭的盆缘丘陵、低山，地表破碎，不禁让人叹服大自然的鬼斧神工。

率水晚韵（姚玉芳 摄）

山水画廊——新安江（姚玉芳 摄）

二、人文新安

    独特的山水地貌让新安江上游流域成为徽州文化的发源地。时光荏苒，我们依然可以在新安江上游窥见过去这片土地上的一些痕迹。沿山间道路驱车而行，便能看到一些在低山丘陵地带种植的茶树与郁郁葱葱的竹林草木。

幽幽新安（姚玉芳 摄）

过去徽商最早经营的便是这些山货：茶叶、笋、香菇、灵芝等。此外，徽派建筑也是当地独具特色的文化遗存。

    新安江上游流域的文化底蕴着实雄厚，不胜枚举。"高山林、中山茶、低山果、水中鱼"的生态格局与古村落、古民居交相辉映，共同构成了著名景观新安江山水画廊。

雾漫渐江（姚玉芳 摄）

清代诗人黄景仁（江西诗派开山之祖黄庭坚的后裔）曾为新安江作五言绝句《新安滩》。

新安滩

[清] 黄景仁

一滩复一滩，一滩高十丈。

三百六十滩，新安在天上。

白话译文：新安江内一滩又一滩，经过一滩好像增高十丈。要经过三百六十滩，那就是三千六百丈。那么，它的发源地——新安，就在天上。

新安滩：位于安徽新安（今歙县），在浙江富春江的上游，江流自浙江桐庐到安徽新安段，又名新安江。上下游落差极大，所以江中多滩。三百六十滩，非实数，与"高十丈"一样，都是夸张用法。

赏析：清代诗人黄景仁所创作的五言绝句，描写了诗人从新安江下游到上游的感受，诗人用浅显的语言、夸张的手法，有力地显示出新安江的险峻。全诗紧凑，有乐府民歌风味。乾隆三十八年（1773），诗人从杭州坐船去往新安，坐船逆水而行，随着地势的逐渐增高，每经过一滩就像增高十丈，诗人颇有所感，遂作此诗。

《新安江至清浅深见底贻京邑同好》是南朝梁诗人沈约所写的一首诗。

新安江至清浅深见底贻京邑同好

［南朝梁］沈约

眷言访舟客，兹川信可珍。

洞澈随清浅，皎镜无冬春。

千仞写乔树，万丈见游鳞。

沧浪有时浊，清济涸无津。

岂若乘斯去，俯映石磷磷。

纷吾隔嚣滓，宁假濯衣巾？

愿以潺湲水，沾君缨上尘。

白话译文：回忆拜访友人的情景，新安江确实值得珍视。江水清澈见底，一年四季都皎洁如镜。千仞高的乔木在岸边生长，万丈深的水底可以看见游鱼。沧浪之水有时也会浑浊，清澈的济水干涸时也失去了渡口。不如乘船顺流而去，俯身看见映在水中的鳞次栉比的石头。让我远离世间的尘嚣，宁愿借此水涤荡我的衣巾。愿意用缓缓流水，拭去你帽缨上的尘土。

眷言：犹"眷然"，怀顾貌。沧浪：水名。《孟子·离娄》："沧浪之水清兮，可以濯吾缨；沧浪之水浊兮，可以濯吾足。"济：济水，源出河南省王屋山，其故道过黄河而南，东流入山东省境，与黄河并行入海。《战国策·燕策》："齐有清济浊河。"嚣滓：犹"嚣尘"。这两句是说自己既然离去京邑，和嚣尘相隔，不必借此水洗濯衣巾。

赏析：这首诗中的描写很有特点，写景抒情，形神兼备。在对新安江清澄空明景色的描写中，实际上渗透着诗人对喧闹都市和仕途的厌倦之情。

第三节　山环水绕说阊江

阊江又名昌江，水系流经安徽、江西两省，最终注入鄱阳湖，是安徽祁门县、江西景德镇市沿岸近百万民众名副其实的母亲河。难能可贵的是，地处上游的祁门县在没要下游一分钱生态补偿的前提下，建起了保护阊江的第一道防线！

练江雪景（姚玉芳 摄）

一、阊江水系

阊江位于徽州地区西南部，为江西省饶河的二级支流，其山脉源于黄山山脉，发源于祁门县大洪岭南麓，大洪水自山而下，贯穿祁门，下倒湖，入江西省。进入江西省境内，始名昌江，又称鄱江。经浮梁县、景德镇市区、鄱阳县，过磨刀石在鄱阳县城以上两千米姚公渡处与乐安河会合，始为饶河，汇入鄱阳湖后入长江。

大洪水又名大共水、南宁河。皖赣两省皆认为饶河正源是阊江，其干流是大洪水。阊江水系发源于徽州地区的河流共有五条，在祁门县境内有大洪水、大北水、文闪河、新安河，在休宁县境内有溪西河。黄山市内阊江流域面积共达 1975.9 平方千米，其中祁门县境内 1914.6 平方千米、休宁县境内 61.3 平方千米。

阊江随地貌的变化，主要分上中下三段三种形态：浮梁县旧城以上山环水绕，水随山转，水秀山清。特别在祁门境内，山高河回，水流湍急，河面宽处仅通小木船，狭处只可行竹筏，是为上游。自旧城而下，清流穿景德镇市区而过，绕丘陵，过平原，直至鄱阳县凰岗，河宽 100～250 米，有急流浅滩，也有碧水深潭，中小帆船可以通过，是为中流。凰岗而下，为滨湖下游河段，河宽处达 350 米，15 吨以下的大帆船和中小客轮可长年通航，是为下游。

二、传统风俗

1. 禁渔

在阊江流域，古人早已意识到了禁渔的重要性。由于自然生产条件和社会技术限制，古人只能靠山吃山，靠水吃水。阊江流域的先人明白"靠水吃水"不能"吃穷"水，由此起于民间不成文的民众意愿，至地方官府发文正式成为规定，"禁渔以休养生息"便成为阊江流域的传统习俗。中华人民共和国成立以来，阊江流域地方政府一贯重视渔业的保护工作，在相关文件中规定阊江水系所有河流在特定时间内全面禁渔。

为了可持续发展，在每年鱼儿交配繁殖期，在一定时期一定地点禁止渔民捕捞是很有必要的。通过禁渔，在保证鱼类数量的同时，也能保证食物链中鱼类的上游链与下游链的稳定，从而间接保证整个生态系统的稳定。

阊江流域的先人显然早早就洞察到了这个颠扑不破的真理。阊江流域长久以来的"禁渔"习俗包含了"道法自然""天人合一"的价值观，它是中国古代文明的创造性精神表征和古人"契合自然"智慧的体现，值得管理者、学术界反省和深思。要实现自然资源的长久利用和可持续发展，我们应该学习古代先哲的智慧结晶。

富资河畔（姚玉芳 摄）

2. 龙舟

居住于阊江流域的祁门县人素来有划龙舟的习俗。对于生活在阊江畔的祁门人民来说，划龙舟既是庆祝传统端午佳节，也是传承和保护非物质文化遗产、丰富城乡市民文化生活的一种方式。

古时祁门有"大抵东人资负载，南人善操舟，西人勤樵采，北人务山植"之说。端午划龙舟的习俗又以祁门县历史文化名村芦溪乡的端午佳节划龙舟为最。芦溪乡倒湖为全县海拔最低处，全县 80％以上的水在此交汇灌入鄱阳湖，水资源十分丰富。如今水资源作为当地重要旅游资源被加以开发，龙舟表演作为当地一项民俗项目，在每年端午节如期举办。在芦溪乡，有端午赛龙舟消灾祈福的习俗，这种风俗至今仍保留着。

三、阊江双桥

祁门城东的阊江之上，相距仅 250 米左右，并立着两座古桥，上桥名平政桥，下桥名仁济桥。阊江双桥也被人们称为阊江双虹，是祁门唯一入选国家文物局主编的《中国名胜词典》的古迹，书中描绘道："风格古朴，质地坚凝。两桥横陈江上，宛如双虹垂地，光彩四射。"

据考，双桥历史悠久。平政桥原为木桥，始建于元大德十一年（1307），县尹刘炳、县尉苏仪及明朝知县余宝、路达等人相继率修。明嘉靖二十九年（1550），知县龙烈率众改建为石拱桥。清咸丰、同治年间均重修。仁济桥为明嘉靖十年（1531）县主簿卢默捐俸倡建。清乾隆十二年（1747）知县游得宜倡修。同治七年（1868）仁济桥重修。两桥均为五拱石桥，平政桥长 78米，仁济桥长 79.4 米，宽各 7 米。两桥各有 4 个桥埠，其造型、结构、风采基本相似。

阊江为古代祁门南下经鄱阳湖通向吴楚的主要通道。当年双桥一带为县城码头所在，白天舟楫往来，商贾、行人熙熙攘攘，酒肆茶楼旗幡招展；入夜，则月色溶溶，双桥影影绰绰，倒映河中，波光粼粼，更是别有一番景象。正如同治《祁门县志》所说："东门之外，长桥横亘，南北相望，石栏人影，倒写绿波；时乎绮旭初升，夕阳横照，烟水一泓，云岚万状；迤逦胜致，复不减宛陵道上也。""双桥夜月"为祁门十二景之首，清代何雍有诗赞曰："戍楼寂历仰祁东，天外疏云卷碧空。光耿林端飞一镜，影环沙际照双虹。几家灯火秋山下，接岸桅樯白露中，不惜倾樽歌夜饮，空明如坐水晶宫。"生动描绘了这一美景。

由于时代的变迁，现在平政桥经过重修，用钢筋水泥加固，成为一座公路桥，旧貌换新颜。仁济桥仍保持原貌，淡雅素朴，藤萝爬满桥身，在巨大的桥墩上，甚至长出了枇杷等树木，生机勃勃，情趣盎然。走在桥上，那古色古香的造型、斑驳的紫砂石板，无不让人有时光倒流之感。2001年，在仁济桥不远处又建了一座300多米长双向四车道的公路桥，大大缓解了平政桥的压力。三桥并峙，更加蔚为壮观。

婉约练江（姚玉芳 摄）

第四节　为有源头活水来

流域，指由分水岭所包围的河流集水区。流域分地面集水区和地下集水区两类。如果地面集水区和地下集水区相重合，称为闭合流域；两者不重合则称为非闭合流域。平时所称的流域，一般都指地面集水区。

浙江落霞（汪钧 摄）

流域内的降水落到地表，在地形的作用下逐渐汇集成溪流（二级支流）；这些溪流又进一步汇合成更高一级的支流（一级支流）。随着地势逐渐平坦，河宽逐渐增加，最终进入干流到达河口。

一、水资源概况

黄山市是安徽省水资源量最丰沛的地区，其水资源主要来自天然降水，独特的地理位置、地形和气候条件，使其成为全国有名的暴雨中心之一。

黄山市地处亚热带季风区，由于受到山地地形的影响，全市多年平均降水量达 1774.5 毫米，年降雨日 150～170 天。其降水量高于亚热带季风气候区的年均值，仅次于热带雨林气候区的降水量（世界气候分区中，降水最丰富的气候区热带雨林年降水量大多在 2000 毫米以上）。

根据安徽省水利厅发布的《2019 年安徽省水资源公报》，2019 年黄山市年平均降水量达 1836.8 毫米，折合降水总量为 180.54 亿立方米，位居安徽省所有地级市第一，为安徽省年平均降水量的两倍。黄山市降水量的年内分配呈现出汛期集中、季节分配不均、最大最小月降水量相差悬殊等特点，降水主要集中在 4—7 月份（黄山市常年 6—7 月份进入梅雨时期）。从安徽省三大流域来看，新安江流域的降水量高于其他两个流域。以 2019 年为例，新安江流域年降水量 1907.8 毫米，长江流域年降水量 1137.5 毫米，淮河流域年降水量 640.8 毫米。

缆车览胜（汪钧 摄）

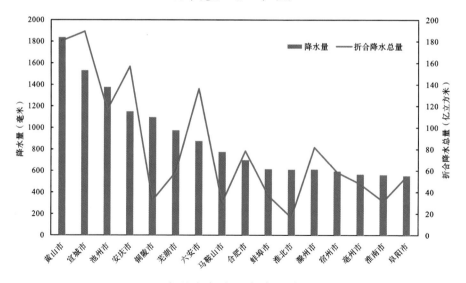

安徽省各地级市降水量

根据安徽省水利厅发布的《2019 年安徽省水资源公报》显示，2019 年安徽省 16 个市级行政单位中，黄山市水资源量约占安徽省水资源量的 20%，位居第一。在 16 个市级行政单位中，黄山市水资源总量（107.03 亿立方米）是唯一一个超过 100 亿立方米的市级行政单位。

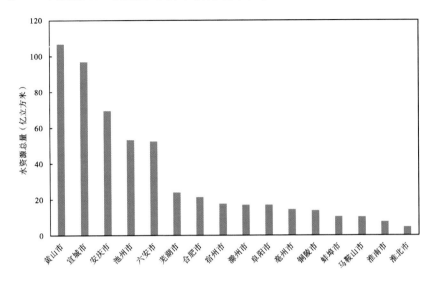

安徽省各地级市水资源总量

表 1-1 给出了黄山市各县（区）多年平均水资源量统计情况。黄山市各分区降水，除休宁县较大以外，其他地区相差不大。黄山各分区在水资源总量方面，休宁县、祁门县、歙县和黄山区水资源丰富，这与这些分区面积较大有关。

表 1-1 黄山市各县（区）降水和水资源

县（区）	面积（平方千米）	降水量（毫米）	水资源总量（亿立方米）
屯溪区	249	1785.4	2.44
黄山区	1669	1669.7	16.57
徽州区	424	1623.1	3.3
歙县	2236	1637.9	17.17
休宁县	2125	1926.8	22.42
黟县	847	1642.9	7.56
祁门县	2257	1787.4	20.66

数据来源：《2018 年黄山市水资源公报》

二、水资源开发

水资源开发利用涉及用水、供水、耗水等。供水量是指各种水源为用水户提供的包括输水损失在内的水量；用水量是指各类用水户取用的包括输水损失在内的水量；耗水量则是在输水、用水过程中，通过蒸腾蒸发、土壤吸收、产品吸附、居民和牲畜饮用等多种途径消耗掉，而不能回归至地表水体和地下饱和含水层的水量。表 1-2 和表 1-3 给出了 2019 年黄山市供水和用水情况。

表 1-2　2019 年黄山市供水量　　　　　单位：亿立方米

行政分区	地表水源供水量	地下水源供水量	其他水源供水量	总供水量
黄山市	4.34	0.07	0	4.41

表 1-3　2019 年黄山市用水量　　　　　单位：亿立方米

| 行政分区 | 农田灌溉 | 林牧渔畜 | 工业 | | 城镇公共 | 居民生活 | 生态环境 | 总用水量 |
			小计	其中火电				
黄山市	2.37	0.18	0.52	0	0.61	0.62	0.10	4.40

径流的形成　径流是指降水所形成的，沿着流域地面和地下向河川、湖泊、水库、洼地等流动的水流。径流过程是地球上水文循环中的重要一环。在水文循环过程中，大陆降水的34%转化为地面径流和地下径流汇入海洋。径流过程又是一个复杂多变的过程，与人类同洪旱灾害进行斗争，以及水资源的开发利用和水环境保护等生产经济活动密切相关。

　　径流形成过程：流域内自降雨开始到水流汇集到流域出口断面的整个物理过程称为径流形成过程。径流的形成是相当复杂的过程，可概括为产流过程和汇流过程两个阶段。降落到流域内的雨水，一部分会损失掉，剩下的部分形成径流。把降雨扣除损失成为净雨的过程称为产流过程。汇流过程即净雨沿坡面从地面和地下汇入河网，然后再沿着河网汇集到流域出口，这一完整的过程称为流域汇流过程。前者称为坡地汇流，后者称为河网汇流。

第五节　水灾水利两相依

　　水库是指在山沟或河流的狭口处建造拦河坝形成的人工湖泊。水库建成后，可起防洪、蓄水灌溉、供水、发电等作用。水库规模通常按库容大小划分为小型、中型、大型等。黄山市的水库主要有太平湖、丰乐水库和东方红水库等，主要起到防洪、水利的作用。

东方红水库（姚玉芳 摄）

一、汹涌洪水

《老子》第五十八章道："祸兮，福之所倚；福兮，祸之所伏。"感叹于黄山水资源丰富的同时，你是否意识到黄山地区的水涝灾害之严重呢？黄山地区地处皖南山区，常为冷暖空气交汇处，雨期早，雨量大；加之黄山地形的抬升作用及局地差异显著引起的热力对流作用，降水强度大，雨量集中，易导致暴雨洪水成灾。黄山地区自公元650年开始有记载以来，水涝灾害不绝于书。"高山湍悍少潴蓄。十日不雨，则仰天而呼，一遇雨泽，山水爆出，则粪壤禾苗荡然一空。"（弘治《徽州府志·食货》）

《2016年全球气候灾害报告》指出，洪水连续四年成为造成经济损失最大的自然灾害事件，2016年其带来的经济损失达620亿美元，占损失总量的30%。

黄山市境内河流多属山区性河流，河道坡度大，洪水暴涨暴落，有"四大、两快、一短"的特征，即：流速大、冲刷力大、含沙量大及破坏力大，洪水过程涨得快、落得快，历时短。六七月份梅雨期，尤其是6月下旬至7月上旬为洪水多发期，往往出现峰高量大的洪水，易致涝成灾。

2020年高考之际，歙县受暴雨和上游洪峰影响，使得境内多条河流水往上涨，河水倒灌进城区，导致城区多处积水严重。原定举行的高考，语文和数学科目因此延期。

汹涌洪水（姚玉芳 摄）

湍流的练江（姚玉芳 摄）

二、旱魃为虐

旱灾是一种气象灾害，因土壤水分不足，农作物水分平衡遭到破坏而减产，从而带来粮食问题，甚至引发饥荒。此外，旱灾后容易发生蝗灾，进而引发更严重的饥荒，导致社会动荡。

黄山地区的旱灾主要是由于梅雨量偏少所致。黄山市常年 6 月中旬进入梅雨季节，7 月上旬出梅，历时 20 多天。梅雨期短的仅为几天，甚至空梅。黄山地区干旱的发生，一般特点是持续时间长，受灾范围大，灾情重，历史上往往大旱之后有大饥。

1994 年是黄山市历史上较为罕见的夏秋连续干旱年份，大部分河水断流、塘库干涸、田地开裂、禾苗枯萎。严重的干旱，造成了稻田受灾 5.8 万亩，占栽插面积的 52.7%，仅水稻受灾减产就达 1180 万千克，有 3.2 万人、1.56 万头牲畜发生饮水困难。山塘干涸 1850 口，占总数的 94.4%，水库干涸 18 座，占总数的 38.3%，80% 以上的溪河断流。全地区因干旱而造成的经济损失达 2600 万元。

干旱中的扬之水（姚玉芳 摄）

三、防灾减灾

水利工程的建设对抗旱和防涝都有着十分重要的作用。水利工程通过各种措施对自然界的水和水域进行控制和调配，以防治水旱灾害。中华人民共和国成立以来，黄山市先后修建了众多的水利工程，累计投入资金达 72.5 亿元（2015 年统计）。水利工程在防洪抗旱中的作用体现在以下四个方面：

（1）堤坝的导洪作用：河道是宣泄洪水的通道。堤坝是水利工程建设中的重要组成部分。洪涝一旦发生，堤坝便会起到约束水流、提高河道泄洪排水能力、限制洪水泛滥、保护两岸工农业生产和人民生命财产安全的作用。

修建中的月潭水库（姚玉芳 摄）

（2）水库的蓄洪作用：水库一般是指利用山谷建造拦河坝，拦截径流，抬高水位，在坝上形成蓄水体，即人工湖泊。当洪水来临的时候，可以利用水库对洪水进行有效的拦蓄，从而大大降低进入下游河道的洪水流量，这样就可以有效地避免或者减小洪水的危害；当河流进入枯水期时，水库可以释放拦截的河水来补充下游水量。水库通过两种方式对洪水进行调节：一种是蓄洪，另一种是滞洪。

岩坑水库（姚玉芳 摄）

（3）蓄滞洪区的滞洪作用：大江大河中下游两岸常有湖泊洼地与江河相通，洪水期江河洪水漫溢，这些湖洼起了自然滞蓄洪水、降低河道水位、减轻洪水对下游威胁的作用。与水库不同的是，蓄滞洪区是专门针对洪涝灾害高发的地区而建设的水利工程，一般利用低洼地或者河流滩涂等地形，在水位到达一定高度时采取自流分洪、水闸控制分洪或人为开口分洪等措施，以临时蓄、滞洪水，减轻河道的行洪压力。与水库比较起来，其投入建设和管理的成本更低，但功能性却很单一，只能用于防洪。

（4）灌溉工程的抗旱作用：我国人口众多，粮食安全问题关乎十几亿人口的生存，事关国家和社会的稳定。对粮食生产造成最大威胁的是干旱，通过灌溉水利工程的建设能够有效地缓解旱情，为干旱地区的粮食生产提供充足的水源，以此来保障粮食的生产产量。

相关链接

水文站 水文站是指定的观测及搜集河流、湖泊、水库等水体的水文、气象资料的水文观测点，是采集水文信息的基层单位。水文站观测的水文要素包括水位、流速、流向、波浪、含沙量、水温、冰情、地下水、水质等。

水文站的主要测验设施及配套设施包括：水文缆道、水位监测设施、雨量监测设施以及配套的生产业务用房（值班房、缆道房等）、水准点、观测步道、断面桩、标志牌、线缆管道、供电系统等。

根据水文站的性质，可以将水文站分为基本站、实验站、专用站、辅助站。基本站的任务是收集实测资料，提供探索基本水文规律的资料，满足水资源评价、水文计算、水文情报、水文预报和水文科学研究的需要。按设站目的和观测项目的不同，基本站可分为流量站、水位站、雨量站、泥沙站等。实验站是在天然和人为特定实验条件下，由一个或一组水文观测试验项目的站点组成的专门场所。专用站是为科学研究、工程建设、管理运用等特定目的而设立的水文测站。辅助站是为补充基本站网不足而设置的一个或一组水文测站。

第六节　省内水环境翘楚

水质是水体质量的简称。它标志着水体的物理（如色度、浊度、臭味等）、化学（无机物和有机物的含量）和生物（细菌、微生物、浮游生物、底栖生物）的特性及其组成状况。

水质标准则是国家、部门或地区规定的各种用水或排放水在物理、化学、生物学性质方面所应达到的要求。它是在水质基准基础上产生的具有法律效力的强制性法令，是判断水质是否适用的尺度。对于不同用途的水质，有不同的要求。中国已制定、颁布了一系列水质标准，如《生活饮用水卫生标准》《工业企业设计卫生标准》《农田灌溉水质标准》《渔业水质标准》《海水水质标准》《地表水环境质量标准》等等，使水质管理有了法律依据。

《地表水环境质量标准》（GB3838—2002）是国家环境保护总局（生态环境部）于2002年4月28日颁布的，由中国环境科学出版社出版，自2002年6月1日开始实施。《地表水环境质量标准》将中国地面水分为五大类：

（1）Ⅰ类：主要适用于源头水，国家自然保护区。Ⅰ类水水质良好，地下水只需消毒处理，地表水经简易净化处理（如过滤）、消毒后即可供生活饮用。

（2）Ⅱ类：主要适用于集中式生活饮用水、地表水源地一级保护区，珍稀水生物栖息地，鱼虾类产卵场，仔稚幼鱼的索饵场等。Ⅱ类水水质受轻度污染，经常规净化处理（如絮凝、沉淀、过滤、消毒等），其水质即可供生活饮用。

山清水美（汪钧 摄）

（3）Ⅲ类：主要适用于集中式生活饮用水、地表水源地二级保护区，鱼虾类越冬、洄游通道，水产养殖区等渔业水域及游泳区。

（4）Ⅳ类：主要适用于一般工业用水区及人体非直接接触的娱乐用水区。

（5）Ⅴ类：主要适用于农业用水区及一般景观要求水域。超过Ⅴ类水质标准的水体基本上已无使用功能。

一、好山好水

《2018年黄山市水资源公报》（见表1-4）显示，黄山市全年平均、汛期和非汛期水质均在Ⅰ～Ⅲ类，其中大部分河流为Ⅱ类水。

据黄山市生态环境局《2019年黄山市环境状况公报》：2019年，黄山市地表水总体水质状况为优，Ⅰ～Ⅲ类水质断面比例达100%，与上一年相比无明显变化；新安江流域总体水质状况持续为优，8个监测断面水质均为Ⅱ类。新安江干流平均水质为优，4个断面水质均为Ⅱ类，新安江支流平均水质为优，4个断面

清澈翡翠谷（汪钧 摄）

水质均为Ⅱ类；黄山市长江流域水质状况为优，监测的7条河流7个断面，Ⅰ～Ⅲ类水质断面比例100%，同比持平；湖库总体水质状况为优。太平湖水质类别为Ⅰ类，丰乐湖水质类别为Ⅱ类，奇墅湖水质类别为Ⅲ类。太平湖呈贫营养状态，丰乐湖、奇墅湖呈中营养状态。

休闲丰乐（姚玉芳 摄）

安徽街口（汪钧 摄）

黄山市中心城区和各县（区）集中式饮用水源地全部满足饮用水源地水质要求，水质达标率100%。黄山市水环境质量常年保持稳定，水质状况总体为优，在全国处于领先水平。生态环境部发布的排名显示，2020年度黄山市城市水质指数在全国337个城市中排名第28位，为长三角区域第1名。

近年来，黄山市进一步加大水污染防治工作力度，推深做实新安江生态补偿机制，水质持续改善，全市地表水、饮用水源地水质达标率100%，新安江街口生态补偿断面水质连续9年达到生态补偿考核要求。

表1-4　2018年黄山河湖水质状况

水资源分区		所在河流或水库	水质代表断面	代表河长（千米）	水质		
二级区	三级区				全年	汛期	非汛期
鄱阳湖水系	饶河	闽江	小胥岭村	29.8	II	II	II
			芦溪	40	II	II	II
			皖赣省界（倒湖）	10	II	II	II
湖口以下干流	青弋江水阳江	麻川河	黄山逍遥溪	58	II	II	II
		陈村水库	坝前	—	II	I	II
			库心	—	I	I	I

续表

水资源分区		所在河流或水库	水质代表断面	代表河长（千米）	水质		
二级区	三级区				全年	汛期	非汛期
钱塘江	富春江坝址以上	新安江	屯溪黄口大桥	13.4	Ⅱ	Ⅱ	Ⅱ
		新安江	花山迷窟桥	44.8	Ⅱ	Ⅱ	Ⅱ
		新安江	深渡	2	Ⅱ	Ⅱ	Ⅱ
		新安江	三港	13.8	Ⅱ	Ⅱ	Ⅱ
		新安江	街口	12.6	Ⅱ	Ⅱ	Ⅱ
		率水	呈村	46.2	Ⅱ	Ⅱ	Ⅰ
		率水	月潭	107	Ⅱ	Ⅱ	Ⅱ
		率水	傍霞村	—	Ⅱ	Ⅱ	Ⅱ
		率水	屯溪率水大桥	2.5	Ⅱ	Ⅱ	Ⅱ
		横江	休宁万全	53	Ⅱ	Ⅱ	Ⅱ
		横江	S220休宁大桥	3	Ⅱ	Ⅱ	Ⅱ
		横江	休宁万安坝上	16	Ⅱ	Ⅱ	Ⅱ
		横江	屯溪横江大桥	2	Ⅲ	Ⅲ	Ⅲ
		练江	渔梁坝	1.8	Ⅲ	Ⅲ	Ⅲ
		练江	浦口	4.3	Ⅲ	Ⅲ	Ⅲ
		扬之水	万年桥	25.2	Ⅱ	Ⅱ	Ⅱ
		扬之水	殷家村拦水坝上	3.2	Ⅱ	Ⅱ	Ⅱ
		布射水	歙县铁路桥	30.9	Ⅱ	Ⅱ	Ⅱ
		富资水	歙县凤凰村	26.3	Ⅱ	Ⅱ	Ⅱ
		富资水	歙县平板桥	4	Ⅲ	Ⅲ	Ⅲ
		富资水	沙溪村拦水坝上	5.4	Ⅱ	Ⅱ	Ⅱ
		丰乐河	西溪南大桥	46.8	Ⅱ	Ⅱ	Ⅱ
		丰乐河	临河桥	1.3	Ⅱ	Ⅱ	Ⅱ
		丰乐河	古关桥	10.7	Ⅲ	Ⅲ	Ⅲ

来源：《2018年黄山市水资源公报》

二、省内翘楚

在安徽省生态环境厅发布的2020年《全省16个地级市地表水环境质量排名》中，黄山市多次取得第一名。地表水的质量排名采用水质指数大小来确定。水质指数是指排名时段内，参与排名的所有断面平均后各单项指标水质指数（单项指标与该指标Ⅲ类标准限值的比值，溶解氧为倒数，pH另行计算）之和，指数越大表明城市地表水污染程度越重。参与水质指数计算的指标为pH、溶解氧、高锰酸盐指数、生化需氧量、氨氮、石油类、挥发酚、汞、铅、总磷、化学需氧量、铜、锌、氟化物、硒、砷、镉、铬（六价）、氰化物、阴离子表面活性剂和硫化物共21项。表1-5给出了2020年安徽省16个地级市地表水质量的排名情况，黄山市位居第一。

流经齐云山下的横江（汪钧 摄）

表 1-5　全省 16 个地级市地表水质量排名（2020 年）

排名	城市名称	城市水质指数	水质指数变化率
1	黄山	2.8385	−5.61
2	池州	3.1513	−11.71
3	铜陵	3.3030	−12.27
4	安庆	3.4952	−10.10
5	芜湖	3.6757	−1.01
6	六安	3.7740	−4.26
7	马鞍山	3.8765	0.76
8	宣城	4.1331	−5.97
9	阜阳	5.0672	−10.27
10	淮南	5.1383	−6.38
11	合肥	5.2145	−3.98
12	蚌埠	5.4468	−11.11
13	滁州	5.9197	−6.09
14	亳州	6.0385	−5.92
15	宿州	6.2957	−4.87
16	淮北	6.7573	−3.16

唐代诗人李白曾作诗《清溪行》，从古人的视角中我们也可以看到黄山的水有多清澈。

清溪行

［唐］李白

清溪清我心，水色异诸水。

借问新安江，见底何如此。

人行明镜中，鸟度屏风里。

向晚猩猩啼，空悲远游子。

白话译文：清溪使我的心感到清静，其水色不同于其他江水。借问以清闻名的新安江，哪里能像这样清澈见底，人乘船如行于明镜之中，鸟好像飞在一扇屏风里。快到晚上猩猩开始哀啼，空让悲伤感染远行游子。

谷清水秀——翡翠谷（黄山市翡翠谷旅游有限责任公司　供图）

第七节　生态补偿新机制

生态补偿，是指以保护和可持续利用生态系统为目的，以经济手段为主，以此来调动生态保护积极性的各种规则、激励和协调的制度安排。水生态补偿机制作为调节水资源保护者和受益者之间利益关系的一种制度安排，是践行习近平生态文明思想的积极有效探索。

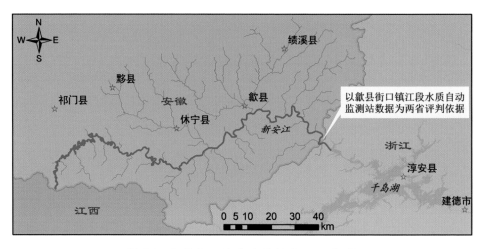

新安江流域水环境生态补偿断面示意图

一、制度概览

新安江流域生态补偿机制是全国首个跨省流域生态补偿机制试点。在中央政府的推动下，首轮试点自 2012 年开始至 2014 年结束，中央财政每年划拨 3 亿元资金，皖浙两省每年各出资 1 亿元设立补偿资金。皖浙两省环保监测人员每月到新安江两省交界的街口镇，共同提取水样，再带回进行水质检测。若水质达到标准，浙江省 1 亿元资金拨付给安徽省；反之，安徽省 1 亿元资金拨付给浙江省。中央财政 3 亿元全部拨付给安徽省。

第一轮试点取得了显著效果。为了巩固取得的成绩，第二轮（2015—2017）试点提高了资金补助标准和水质考核标准。第三轮新安江流域生态补偿协议于 2018 年 10 月中旬签订，协议时间为 2018—2020 年。与前两轮试点相比，第三轮水质考核标准更高，补偿资金使用范围也有所拓展。第三轮试点于 2020 年年底收官。据皖浙两省联合监测初步结果显示，新安江流域总体水质为优并稳定向好，千岛湖水质实现同步改善。

从 2021 年起，新一轮新安江流域生态补偿将全面升级为新安江—千岛湖生态补偿试验区建设。皖浙两省将从资金、产业、人才等方面推动生态补偿试验区建设，在合作方式上，由单一的资金补偿向产业共建、多元合作转型，实现绿色产业化、产业绿色化；在补偿范围上，从原来的"水质对赌"向山水林田湖草全要素扩展，推进大气污染协同防治和森林资源保护协同发展，探索建立湿地生态效益补偿制度；在产业延伸上，打通"绿水青山"与"金山银山"的转化通道，大力发展与生态环境相适宜的研发设计、科技服务、文化创意、体育健康、养老服务、全域旅游等现代服务业，推动两地文化旅游深度合作，探索将新安江—千岛湖—富春江打造成中国最美山水风景带和世界文化旅游目的地的方法。

二、具体措施

2019年，安徽省人民政府办公厅印发《关于进一步推深做实新安江流域生态补偿机制的实施意见》，指出新安江流域生态补偿机制重点任务包括如下"十大工程"：

（1）排污权管理工程：积极探索建立新安江流域排污权交易制度，加快建立初始排污权分配机制，科学分配流域内各县（区）行政单元的总量控制

雾中浦口（姚玉芳 摄）

指标和企业个体的初始排污权。探索完善排污权交易机制，初步建立排污权交易市场。

（2）开发区发展工程。

（3）城市污水治理工程：计划新建污水管网100千米以上，改造修复市政污水管网200千米以上，完成县城以上建成区雨污分流管网改造，完成黄山区污水处理厂提标改造工程、祁门县污水处理厂迁建工程以及黄山市污水处理厂污泥与餐厨垃圾处理项目。

（4）化肥农药替代工程：大力实施有机肥替代化肥行动，增加有机肥市场供给，发展生态循环农业，全面推行使用生物农药。

（5）绿色特色农业发展工程：以推进农业供给侧结构性改革为主线，统筹推进种养循环、农林牧渔结合，大力发展绿色特色农业。积极培育"三品一标"农产品，培育区域公共品牌，充分运用互联网＋，加强宣传营销，放大品牌效应。

（6）农村环境整治工程：深入学习推广浙江"千村示范、万村整治"工程经验，大力推进农村厕所、垃圾、污水"三大革命"和"五清一改"村庄清洁行动。

（7）畜禽规模养殖提升工程。

（8）船舶污水上岸工程：全面推广船舶生活污水收集及岸上集中处置系统，严格货运船舶污水收集处理标准，加快改造实施步伐，实现新安江流域船舶污水"零排放"。

（9）河（湖）长制、林长制提升工程：将河长制向乡村水系延伸，实现河长全覆盖。推行"河长＋警长＋管护员"模式，落实河长巡河、暗访制度，推行总河长令和河长考核机制，完善投诉举报处置奖励机制，探索开展最美河湖评选，实现河湖管护长效化。压实各级林长制改革主体责任，完善林业资源保护发展机制，实施最严格的森林资源保护，提升"两祸一灾"防治效果，突出抓好松材线虫病防控，强化疫情监测、疫情除治、疫情阻断。

（10）全民参与工程：动员全社会参与生态建设和环境保护治理，形成"政府引导、市场补充、公众参与、生态共享"的全民保护新机制，营造珍惜环境、保护生态的良好氛围。总结和推广"新安江模式"经验。

三、制度成效

由于新安江生态补偿机制的实施，目前新安江已成为全国水质最好的河流之一。首轮试点实行之前，浙皖交界断面水质以较差的Ⅳ类水为主，水体总氮、总磷指标较高。与此同时，千岛湖水质营养状态一度为中营养水平，甚至有向富营养水平（富营养会引起蓝藻的暴发，比如著名的无锡太湖区域蓝藻暴发事件、云南昆明滇池蓝藻暴发事件、安徽巢湖局部湖面蓝藻暴发事件等）加剧之势。2012年实施生态补偿试点之后，新安江流域每年的总体水质都为优。前两轮生态补偿试点期间，浙皖两省断面水质达到地表水环境质量标准Ⅱ类，其中高锰酸盐指数、总氮、氨氮三个水环境指标则均达到Ⅰ类标准。有关部门领导在接受人民网采访时表示，新安江模式为生态文明建设做出了有益的探索，积累了很好的经验，值得全国范围推广应用，"我们有义务、有必要、有责任为下一代留住绿水青山、留住蓝天白云"。

秀美浦口（姚玉芳 摄）

新安江跨省流域生态补偿试点是为了形成可复制、可推广的成功经验，对促进全国跨省流域生态补偿起到示范意义。经过三轮试点的成功实践，江面上，星罗棋布的网箱已不见踪迹；田地里，农药化肥用得越来越少；流域内，过去随处堆放的生活垃圾也没了。与此同时，水环境质量的提升，也让黄山的草鱼变成"金鱼"，市场价格由每斤 8 元提高到 80 元。

水循环 水循环是指大自然的水通过蒸发、植物蒸腾、水汽输送、降水、地表径流、下渗、地下径流等环节，在水圈、大气圈、岩石圈、生物圈中进行连续运动的过程。

水循环有着许多地理意义：水在水循环这个庞大的系统中不断运动、转化，使水资源不断更新；水循环维持全球水的动态平衡；水循环进行能量交换和物质转移。陆地径流向海洋源源不断地输送泥沙、有机物和盐类；对地表太阳辐射吸收、转化、传输，缓解不同纬度间热量收支不平衡的矛盾，对于气候的调节具有重要意义；造成侵蚀、搬运、堆积等外力作用，不断塑造地表形态等。

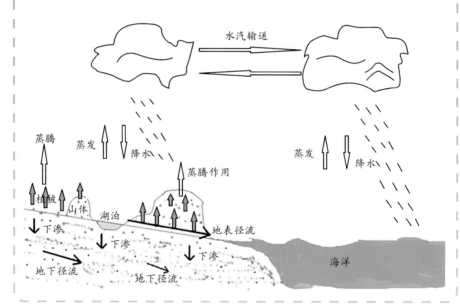

第二章　黄山水景观

　　水景观指各种形态的水体在地质地貌、气候、生物以及人类活动等因素的配合下，形成不同类型的水体景观。水景观是黄山风景区的重要构景要素，水景观自身可形成多种多样的美景，也可开展丰富多彩的旅游活动。它通过水形、水声、水色、水味、水影以及水态来吸引游客，游客可通过不同的旅游功能来开展观赏旅游、休闲健体旅游、水上游乐等等。水景观分很多类型，包括人文水景观、自然水景观。黄山水文景观令人艳羡，三瀑、十六泉、二十四溪争相辉映，四季景色各异。本章从景观的角度介绍黄山美丽的山水画卷，我们要带大家领略瀑布、深潭、温泉等水景观。

五里桥水库大坝（汪钧　摄）

第一节　渔梁石坝横练江

坐落在练江之上的渔梁坝始建于唐代，重建于明代，距今有 1000 多年的历史。渔梁坝是新安江上游最古老、规模最大的古代拦河坝，是徽州古代最知名的水利工程，被称为"江南第一都江堰"。

渔梁坝在练江流域的地位极为重要，一是防旱，二是截流行船，三是美化环境。作为新安江上大小商贾船队往来的重要码头，渔梁坝是明清时期徽商从这里起航承接家族兴旺的地方，是名副其实的"徽商之源"。

夕阳下的渔梁坝（姚玉芳　摄）

一、蓄水缓流

渔梁坝可蓄上游之水，缓坝下之流。其横截练江，使坝上水势平坦，坝下激流奔腾。它在行舟、放筏、抗洪等方面都发挥着重要的作用。

渔梁坝在江中横截蓄水，水面延至城基，为城内用水提供了基本保证，也调节了城内的干湿度，创造出良好的生态环境。同时，上游蓄起的水方便了农田灌溉，旱涝保收。作为重要的码头，渔梁坝为水运提供了便利。

练江晨曦（姚玉芳 摄）

蓄水缓流（姚玉芳 摄）

　　渔梁坝的坝体长 143 米，底宽 27 米，顶宽 6 米，通高约 5 米，断面呈直角梯形，上下落差 2.9 米，坝表面与坝心分别用花岗岩和砂岩条石砌筑，每块石头重吨余。它们垒砌的建筑方法科学、巧妙，每垒十块青石，均立一根石柱，上下层之间用坚石墩插入，这种石质的插钉称为"元宝钉"，亦叫"燕尾锁"。这样，上下层如穿了石锁，互相衔接，极为牢固。每一层石条之间，又用石锁连接，这样上下左右紧连一体，构筑成跨江而卧的坚实大坝。

坝南端依龙井山，北端接渔梁古镇老街。这条老街至今保存完好，是典型的徽派民居群布局，青石板路往河边侧有许多岔口，逐阶而下，便可下到渔梁坝上。

水漫渔梁坝（姚玉芳 摄）

二、徽商之源

徽商，即徽州商人、新安商人，俗称"徽帮"，是徽州（府）籍商人的总称，为中国三大商派之一（另两个商派分别为晋商与潮商）。

徽州地处万丛之中，盛产茶叶、木材、中草药、墨砚等物品。勤劳智慧的徽州人民要将这些东西卖出去以换取钱财，却受到地形影响，陆路交通不便，当地的大小商贾只能依靠丰富的水运资源，水运便成了徽商重要的交通方式。渔梁坝是新安江上的重要码头，大小的商贾船队从此出发，上通歙县，顺江而下可抵达钱塘江边的杭州，它是明清徽商发家的起点。

渔梁晨曦（汪钧 摄）

渔舟唱晚（姚玉芳 摄）

第二节　碧波荡漾太平湖

太平湖地处黄山市黄山区西北部，位于青弋江上游，介于黄山、九华山之间，原名陈村水库。它总面积275.82平方千米，其中水域面积88.6平方千米，平均水深40米，蓄水24.3亿立方米，控制流域面积2800平方千米，是安徽省最大的人工湖，也是安徽省唯一的部属水库，被誉为"黄山情侣""江南翡翠"。

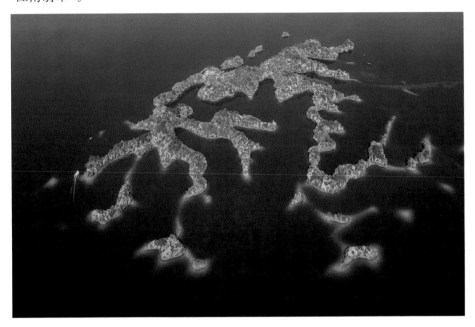

俯瞰太平湖（王帆　摄）

一、生态太平湖

太平湖四周青山环绕、绿水相依，湖内秀岛错落，星星点点。森林覆盖率95%以上，空气负氧离子稳定在2万个/立方厘米以上，这里是名副其实的天然氧吧。

空气负氧离子是带负电荷的单个气体分子和氢离子团的总称。在自然生态系统中，森林和湿地是产生空气负氧离子的重要场所。对空气净化、城市小气候等方面均有调节作用，其浓度水平是城市空气质量评价的指标之一。

天然氧吧指自然条件下形成的氧吧，多指植被茂密、氧气含量大的地方。人们可以在负氧离子含量高的地方呼吸清新的自然空气，沐浴一下阳光，放松一下心情，同时通过适当的活动，诸如林中步行、做操、打太极拳、闭目养神、作深呼吸或者放声歌唱……充分感受清新的环境带给人的气息和氛围，体验树木、花草散发的植物精气给人体带来的精气神。

太平湖地区山水独秀，境内山峦苍郁峻拔，水质天然纯净、碧蓝清澈，常年可达国家Ⅰ类水体和Ⅱ级饮用水标准。这里物产丰富，已查明野生植物580多种、动物240多种、鱼类40多种，拥有丰富的钼、砂等矿产资源和水力资源，尤其是湖岸的绿茶闻名遐迩，是中国十大名茶太平猴魁的原产地和黄山毛峰的主产地。

五彩太平湖（周小川 摄）

二、文化太平湖

太平湖人文深厚，在此曾发现距今 7500 万年的白垩纪恐龙蛋化石和新石器时代的众家山遗址，留有李白诗篇和朱熹墨迹，孕育了"五四"时期文学巨匠苏雪林，还是电视剧《红楼梦》的拍摄地之一。

湖畔梨花（余衍 摄）

浪漫太平湖（程斌 摄）

太平湖大桥是连接黄山区与池州市的通道，位于太平湖水道之上，为国家高速 G3 的组成部分之一。拱圈以"中国红"为主色调，使得大桥融入太平

太平湖双桥（王士龙 摄）

湖这片青山秀水之中，为太平湖增添几分色彩。

三、名茶太平湖

中国自古就有饮茶的习俗。中国人饮茶，注重一个"品"字。对于茶叶的质量、饮茶器具的选择、煮茶火候的大小、煮茶时间等要素均有严格的要求。从古至今，我国一直都有"以茶代酒""以茶会友"的习俗，茶文化在中国文化中写下了浓墨重彩的一笔。

太平湖地区是中国十大名茶太平猴魁的原产地。太平猴魁是我国传统名茶，属于绿茶类尖茶，产于安徽太平县（今黄山市黄山区）一带，为尖茶之极品，品质超群，其制作工艺是我国制茶工艺的杰出代表，也是具有很高价值的历史文化遗产。关于太平猴魁的得名，民间传说众多。据《中国茶文化今古大观》载，在太平县猴坑，有一座产茶名山叫凤凰山，因其山势陡峭，人们便驯服猴子上山采茶，因此得名"猴茶"。

太平猴魁因品质优异一直被定为国之礼茶，在市场上也越来越受到消费者的青睐，被誉为"绿茶王子"。2004年在中国（芜湖）国际茶博会上，太平猴魁荣登"绿茶茶王"宝座。太平猴魁手工制作技艺于2008年6月入选国家级非物质文化遗产代表作名录。

太平猴魁茶园（汪钧 摄）

相关链接

水库的大小　水库，一般的解释为拦洪蓄水和调节水流的水利工程建筑物，可以用来灌溉、发电、防洪和养鱼。它是指在山沟或河流的狭口处建造拦河坝形成的人工湖泊。有时天然湖泊也称为水库（天然水库），根据水利部规范，水库规模通常按库容大小划分，分为大（1）型、大（2）型、中型、小（1）型、小（2）型。

表　水利水电工程等级划分及洪水标准（SL252-2000）

工程级别	工程规模	水库总库容（亿立方米）	防洪		治涝	灌溉	供水	发电
			城镇及工矿企业的重要性	保护农田（万亩）	治涝面积（万亩）	灌溉面积（万亩）	城镇及工矿企业的重要性	装机容量（10000千瓦）
Ⅰ	大（1）型	≥10	特别重要	≥500	≥200	≥150	特别重要	≥120
Ⅱ	大（2）型	10～1.0	重要	500～100	200～60	150～50	重要	120～30
Ⅲ	中型	1.0～0.1	中等	100～30	60～15	50～5	中等	30～5
Ⅳ	小（1）型	0.10～0.01	一般	30～5	15～3	5～0.5	一般	5～1
Ⅴ	小（2）型	0.01～0.001		≤5	≤3	≤0.5	次一般	≤1

第三节 峡谷平湖话丰乐

丰乐湖风景区位于钟毓神秀、人杰地灵、历史悠久的黄山市徽州区，是国家 AAAA 级旅游景区和全国农业旅游示范点。

"高峡出平湖"，丰乐湖景区全长 28 千米，20 世纪 70 年代筑大坝于黄山南大门，由此形成华东地区海拔较高的人工水库景区。上游高山峡谷，群山错落，有三峡之俊秀，乃黄山毛峰原产地；中游岛屿绿洲，青瓦农舍，渔歌帆影，有千岛湖之清丽；下游水面开阔，绿水如碧，似洞庭湖之烟波。

湖中岛屿、半岛众多。在其周边有黄山、呈坎、唐模、潜口民宅等著名景区，丰乐湖像一条玉带，连接起各处名胜古迹。

丰乐水库（汪钧 摄）

一、意境丰乐

丰乐湖景色秀美，有"黄山天池"的美誉。这里的湖光山色与周边精美的徽式建筑完美融合，相映成趣。环山枕水、天人合一的黄山德懋堂错落有致地分布在湖畔山坡之上，青山翠竹掩映黛瓦白墙，仿若仙人随手洒落的棋子，更添无限浪漫诗意。

意境丰乐（德懋堂 供图）

丰乐倒影（汪钧 摄）

除了自然风光，丰乐湖还是徽州文化的重要发源地之一和黄山毛峰的核心产区。丰乐湖沿岸一直是徽商的文化中心区域，潜口塔、文峰塔等镇水宝塔文化古迹巍然矗立。丰乐河上的古代水利设施至今仍造福桑梓。千百年来，清澈甘甜的丰乐水孕育出了数不清的名人雅士，滋养、护佑着一方百姓，为千家万户带来幸福生活。

丰乐人家（汪钧 摄）

二、水利丰乐

丰乐水库坐落在黄山市徽州区西北新安江支流练江的支流丰乐河上，集水面积 297 平方千米，总库容 8400 万立方米。以防洪、灌溉功能为主，辅以发电、养鱼等，设计灌溉面积 11.2 万亩。

降水具有多变性和不重复性，年与年、季节与季节以及地区之间的降水往往都不同，但是很多时候用水数量和时间都是固定的，这就与天然来水的情况不能完全适应。人们为了解决径流在时间上和空间上的重新分配问题，充分开发利用水资源，往往在江河上修建一些水库工程。例如在防洪区上游河道适当位置兴建能进行径流调节的水库，利用水库库容拦蓄洪水，在丰水期时减少进入下游河道的水流，达到减免洪水灾害的目的；在枯水期时，水库蓄留的水又满足了农业用水及生活用水的需求。同时，大坝还具有水力发电的功能。丰乐湖水库大坝设计引水流量 25.2 立方米/秒，水电站安装水轮发电机组 2 台共 6400 千瓦。

峡谷平湖（汪钧 摄）

碧波荡漾丰乐湖（汪钧 摄）

第四节　峭壁撑天挂九龙

　　九龙瀑景区位于安徽省黄山市汤口镇境内，属黄山风景区东南部云谷辖区，距黄山南大门仅 3 千米。景区总面积 158 公顷，海拔 450 米。九龙瀑全长 600 多米，落差 360 多米，由天都、玉屏、炼丹诸峰之水汇合而成，如一条弯曲的长龙，穿云破雾，从香炉峰蜿蜒而下，九处跌落，形成九曲九折。它是中国七大名瀑之一，有天下第一奇瀑的美称。

　　"飞泉不让匡庐瀑，峭壁撑天挂九龙。"这是前代诗人对居黄山飞瀑之冠九龙瀑称赞描绘的诗句。

九龙瀑（汪明媚　摄）

一、瀑布的形成

瀑布是从山壁上或河床突然降落的地方流下的水，是河水流动中的主要阻断，在地质学上叫跌水，即河水在流经断层、凹陷等地区时垂直地从高空跌落的现象。瀑布的形成原因有很多，主要原因是岩石的软硬程度不一，较为脆弱的岩石被流水侵蚀形成陡坎，坚硬的岩石相对悬挂起来，流水于此飞泻而下，便形成了瀑布。此外，山崩或者熔岩落到河床处，硬化后阻拦河水，以及冰川作用切入山谷之中，在两侧形成的悬崖峭壁上也会形成瀑布。

瀑布是一种暂时性的特征，由于受瀑布的落差、水量、岩石的种类和结构以及其他一些因素的影响，它最终会消失。有瀑布的地方，河流向上游方向侵蚀，将高处削平，河流不断瓦解瀑布的上部，让岩层破碎、跌落，于是瀑布的位置就逐渐向上游方向退缩，瀑布的落差也随之减小了。或者侵蚀作用又倾向于向下深切，并斜切包含瀑布的整个河段。随着时间的推移，这些因素的任何一个或两个在起作用，瀑布就会逐渐消失。

翡翠谷瀑布（杨多文 摄）

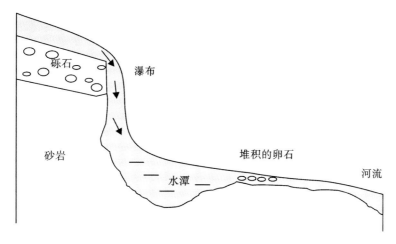

瀑布的形成

二、黄山三瀑

古人评价黄山三瀑，称其兼有匡庐三叠泉瀑布和嵩山九龙湫瀑布之美。清代著名学者施闰章有诗为证："匡庐三叠天下溪，嵩岳九龙称神奇。何如此地独兼并，咫尺众壑蟠蛟螭。"明代诗人谢室的《入黄山》描绘道："入山千万曲，曲曲皆清溪。绝溜挂青壁，晴光含翠微。"

1. 九龙瀑

九龙瀑是黄山第一大瀑，它是世界文化与自然遗产中国黄山的主要自然景观之一。

黄山九龙瀑位于云谷西路上山处，一瀑九折，一折一潭。明代诗人黄汝亨对九龙瀑做了生动描绘："九道寒冰泻遥岭，苍苔凝翠芙蓉冷。白日时听雷雨声，丹崖倒挂蛟龙影。"

景区物种丰富，有黄山天然植物园之称。景区人文资源荟萃，有黄山胜境坊、乾隆御道、梅林书屋等文化景观。

2. 百丈瀑

百丈瀑位于青潭峰和紫云峰之间，沿着千尺悬崖垂落而下，宛若一匹白练悬挂眼前，甚为壮观。百丈瀑在大水和小雨时，景色各异。枯水季节，百丈崖细流涓涓，如轻纱缥缈，素幔舒卷，称为百丈泉。泉上为瀑布水源，下为百丈潭。洪水季节，尤其是大雨初霁时，当山风将飞瀑吹离岩壁，好像无数条洁白绸带在空中舞动，美妙多姿，令人赞不绝口。清代画家查士标的诗句"倒挂苍崖百丈寒，界破青山一匹练"，将百丈瀑的优美景色准确地描绘了出来。

九龙瀑（汪钧 摄）

百丈瀑（汪钧 摄）

3. 人字瀑

人字瀑位于黄山温泉旁的紫石、朱砂两峰之间，"人"字形流下，故称"人字瀑"，又似两条白龙飞流直下，也有"双龙飞瀑"之称。"飞瀑"体现了水之急、山之陡，落水砸在石块上溅起的水花，时而可形成彩虹，为其增添了别样的风景。有人作诗《观人字瀑》描写道："摩天接日云台渺，飞瀑挥毫忒有神。写出丰姿遒劲字，顶天立地一完人。"自然景观中融合了人文景观，充分凸显了它的苍劲有力。

人字瀑（黄山风景区 供图）

三、九龙传说

黄山九龙瀑一瀑九折，一折一潭，颇为壮观。古人对瀑布的了解尚有欠缺，便有了许多有趣的传说。相传东海龙女公主就是从这儿归海的。

古时候，苦竹潭边居住着一对无儿无女的老夫妻。一天，老爹爹在香炉峰下挖草药，在苦竹潭里捡到一枚闪烁着红光的石蛋。夜里，那石蛋就放在床上老两口身边，不料下半夜"啪啦"一声裂响，石蛋中走出一个红衣绿袂的小女孩。小女孩见风就长，变成了18岁的大闺女，跪身下拜，口中喊道："爹，娘。"老两口喜出望外，给她取名"水妹"。消息传出。附近一个恶毒财主赵爸嵩，要老两口将水妹许给他的痴呆儿子为妻。老两口硬是不答应。不久前，水妹在山泉梳洗，见一白发公公（黄山神）飘然而来，告诉她：东海龙王与王后云游黄山，飞越香炉峰时，王后突然腹痛，产下一个龙蛋在碧波潭里，幸得两老体温孵化，才有她水妹的今天。算起来，她应该是东海龙王的第九个龙女。水妹得知赵爸嵩逼婚，便将自己的身世如实告诉了二老。既然如此，二老便要水妹快回东海去。水妹心中不舍得爹和娘，但又无奈，只好答应除了山中恶霸再回东海不迟。三天后，赵爸嵩带了家丁打手，闯到二老家，在搏斗中将老爹爹砍伤。水妹义愤填膺，腾空变成一条玉色巨龙，一伸爪，将赵爸嵩抓得粉碎，龙尾一卷，将家丁全部卷入碧波潭水底。龙女按下云头，将爹爹背上，告别老婆婆要去东海给爹治伤。那巨龙飞到香炉峰悬崖下，听到娘叫回头一望，峭壁上便留下一旋清波水潭。老婆婆先后喊了九声，玉龙回首了九次，峭壁上因此留下了九节飞瀑、九个清波水潭，这便是现在的黄山"九龙瀑"。自玉龙归海后，老婆婆终日守候在瀑布边的岩石上，等待龙女回来，这就是后人敬称的"慈母岩"。

第五节 隽秀婉约五龙潭

黄山的五龙潭位于翡翠池不远的松谷溪中，所谓"五龙潭"是五块巨石，形似巨龙，头伸入潭，尾展溪岸，其状如五龙吸水，故名"五龙潭"。从石笋矼、狮子峰等处流下的溪水在落差大的地方长期冲蚀而成五个深潭：青龙潭、乌龙潭、赤龙潭、白龙潭和老龙潭，其中以老龙潭和乌龙潭风景最美。

明代大旅行家徐霞客在其游记中描述道："青龙潭，一泓深碧，更会两溪，比白龙潭势既雄壮，而大石磊落，奔流乱注，远近群峰环拱，亦佳境也。"

一、瀑下深潭

潭在汉语中的基本意思是深水池，亦指河流中水极深而有回流处。《淮南子·原道训》："（舜）钓于河滨，期年而渔者争处湍濑，以曲隈深潭相予。"高诱注："深潭，回流饶鱼之处。"

瀑下深潭是瀑布的组成部分。"阶梯深潭"是一种平衡稳定的地貌形态，水流越过阶梯之后，对阶梯下游河床进行冲刷淘蚀，河床不断下陷，便形成深潭。这和滴水穿石是一个道理，水滴长时间滴下能把下面的石头滴出一个孔洞，一条河流从山上冲下来，长年累月便形成了深潭。

飞珠溅玉（汪钧 摄）

水落石出（汪钧 摄）

二、黄山名潭

黄山名潭中最为人称道的要数翡翠池和桃花溪。

1. 翡翠池

翡翠池又称"古油潭"，在松谷庵附近的松谷溪，位于乌龙潭的上方。池长 15 米，宽 8 米，深 10 米，天设地造，环池皆石，松谷溪水直注池中。夹岸山岩及上下两巨石天然成池，瀑布搅动池水，山光云影投入池面，摇曳闪烁。池水碧如翡翠，故名翡翠池。池侧有巨岩，镌有一个直径 3 米的"佛"字，此外，还有"福""寿""南无阿弥陀佛"等摩崖石刻。其潭路南，有岩石横叠，水自石缝中流出入潭，人称"油榨"；路北有石如瓮，名"油缸"；东边山崖下有块凹石如锅，内有许多小鹅卵石如油籽一般，称"炒籽锅"。锅、缸、榨齐备，巧石天成，绝妙至极。

2. 桃花溪

桃花溪发源于黄山桃花峰，溪中瀑、潭、穴较多，如白龙潭、青龙潭及"丹井"等。该溪最为壮观的时期为山洪暴发之时，因为其中的大石较多，可形成壮观的景象。诗作《黄山桃花溪》描述道："万树桃花漫翠岭，霞光艳影映龙川。粉凝脂蓄三春后，红谢溪头染碧泉。"

潺潺翡翠谷（杨多文 摄）

三、故事名潭

清人魏源《松谷五龙潭》诗前小序云："松谷，后海门户。谷在四山中，受石笋矼、狮林诸涧之瀑，汇为青、黑、黄、白四潭，并下油潭而五。潭各隔涧不相属，各以所映石壁之色名之。惟油潭以上涧狭长如油榨得名。榨下石厂嵌空，水横行下孔窍麘轰，潭如大釜受之。釜底白石可数，而垂绠数丈，不得其底。空明眚幻，于诸潭尤胜。"序中所记五龙潭是指青龙、黑龙、黄龙、白龙和油潭。未及老龙潭，而加上了油潭，又乌龙潭冠名黑龙潭，赤龙潭冠名黄龙潭，与后来所指的五龙潭略有不同。

关于翡翠池，旧有传说，距翡翠池三里多处，有座古庙，内有 108 个和尚。因粥少僧多，清苦不堪，没有炒菜用的菜油，更谈不上给菩萨点长明灯。每到夜晚，寺里一片漆黑，但长老定慧和尚仍领着全体僧众，顶着一片黑，参禅打坐，礼佛诵经。定慧和全寺僧人的清修苦练，感动了黄山山神。一天深夜，山神向长老托梦，说翡翠池盛的全是菜油，可供全寺僧人食用和佛前点灯。定慧醒来，大吃一惊，即把梦中之事告诉执事僧，要他挑桶去翡翠池看看是否应验。一会儿，执事僧果然挑着两桶黄澄澄的菜油回来。从此，每天都由一个和尚去翡翠池挑油，一百多僧人的生活迅即好转，白天有油炒菜，夜晚有油点灯，乐了菩萨又肥了庙。十五年后，定慧和执事僧先后去世，庙里换了当家人。一天，新的执事僧竟让一个小和尚挑油到山下铺村去卖，挣些零花钱。不料这小和尚走漏了风声，翡翠池出油的事很快传遍全村。次日清晨，人们挑桶拿罐，长龙般来到翡翠池取油。"扑通，扑通"的取油声惊动了山神，山神得知天机已经泄露，一时怒起，放出一条火龙闯入池中，"轰"的一声，池中菜油起火，油烧得精光。从这以后，池中再也不出油了，仍然像过去那样是一池碧绿的清水。至今，池边的岩壁上还刻着"古油潭"和"翡翠池"六个大字。

第六节　水汽氤氲黄山泉

温泉被称为黄山"五绝"之一，据明代学者潘之恒所辑《黄海》载："香泉溪（今逍遥溪）中有汤泉，口如碗大，出于石间，热可点茗。"温泉景区位于黄山南部的紫云、桃花诸峰的峡谷间，海拔 600～700 米。山景、水景、石景和古迹融为一体，构成特色的温泉景区。

泡温泉是一种自然疗法，泉水中大部分的化学物质会沉淀在皮肤上，改变皮肤的酸碱度，故具有吸收、沉淀及清除的作用，其化学物质可刺激自律神经、内分泌及免疫系统。与此同时，适宜的水温和氤氲水汽也可让人缓解疲劳，小憩片刻。

温泉秋色（蔡季安 摄）

一、温泉成因

温泉的形成有三个必要条件：存在地下热水，有足使热水上涌的压力差，地层中有储存热水的空间。

温泉形成的原因有两种：

一种是地壳内部的岩浆作用或火山喷发所致。地壳板块运动使得地表隆起，其底下未冷却的岩浆不断地释放大量热能，使得附近有孔隙的岩层中的水受热成为高温的热水，大部分沸腾为水蒸气涌出地表，形成温泉。

另一种是地表水渗透循环作用所致。地下水受下方的地热加热成为热水，当热水温度升高，压力便愈来愈高，高压状态下的热水、水蒸气沿裂缝窜涌而上。上升的热水再与下沉较迟受热的冷水产生对流，在开放性裂隙阻力较小的部位循裂隙上升涌出地表，热水即可源源不绝涌升，形成温泉。

依据成因可以将温泉分为两类：一类是火山型温泉；另一类是非火山型温泉，包括火成岩区温泉、变质岩区温泉、沉积岩区温泉。

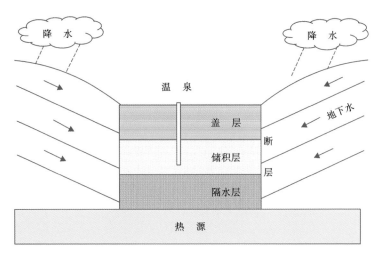

温泉的形成

依据水温可以将温泉分为三类：高于75℃者为高温温泉，如我国的羊八井温泉、长白山温泉等；介于40℃至75℃者为中温温泉；低于40℃者为低温温泉，通常因形成温泉的地热作用较弱所致。温泉水的温度35～43℃是一般人较能接受的，最佳以40℃以上且不超过45℃为宜。

依据酸碱性可以将温泉分为三类：pH值低于6者为酸性温泉；pH值大于8者为碱性温泉；pH值在6与8之间者为中性温泉。

温泉一角（汪明媚 摄）

二、天下名泉

黄山著名的温泉共有三处：南坡前山温泉、北坡松谷温泉和圣泉峰顶的圣泉。今人所指温泉，多指南坡前山温泉。

前山温泉又名汤泉、汤池、灵泉、朱砂泉，位于海拔 850 米的紫云峰下，汤泉溪北岸，可饮、可浴、可医。水温常年 42℃，平时出水量平均每小时约 48 吨，量大温高，无色无嗅，清澈洁净。自唐代开发以来，享誉千年。

松谷温泉位于松谷庵南面，海拔 634 米。与前山温泉水平相距约 7.5 千米，形成以北海和光明顶为中心、距离和标高相等、南北遥相呼应的对称关系。泉口为一直径约 3 米的近圆形凹坑，泉眼被砂层覆盖，不时有气泡透过砂层逸出。

圣泉，在圣泉峰顶，与桃花峰遥相对峙，峰因泉名。宋《黄山图经》引唐人《周书异记》："黟山中峰之顶，上有汤池。其味甘美，可以炼丹煮石。"清康熙《黄山领要录》载："人不能至，于邻峰望之，池中热气蒸沸。"泉口险踞峰巅，人不能至，具体情形尚未探明。

温泉为黄山"五绝"之一，曾得到古今名人的欣赏与赞美。

唐代大诗人李白，在《送温处士归黄山白鹅峰旧居》诗中写道："采秀辞五岳，攀岩历万重。归休白鹅岭，渴饮丹砂井。"

唐代诗人贾岛在《纪温泉》长诗中有"一濯三沐发，六凿还希夷。伐马返骨髓，发白令人黟"的名句。

宋人朱彦《游黄山》诗曰："三十六峰高插天，瑶台琼宇贮神仙。嵩阳若与黄山并，犹欠灵砂一道泉。"

明末文人吴士权描写黄山温泉为"清数毛发，香染兰芷，甘和沆瀣"。

优雅温泉（汪明媚 摄）

当代诗人郭沫若在 1964 年 5 月游览黄山之后，盛赞黄山温泉说："尚有温泉足比华清池。"

邓小平同志在 1979 年 7 月游黄山时，曾为这个温泉亲笔题了"天下名泉"四个字。

汤泉雅致（汪钧 摄）

汤泉雅韵（汪钧 摄）

第七节 潺潺清泉石上流

　　翡翠谷景区在黄山的东部，又称"情人谷"，谷中之水源出炼丹峰、始信峰。景区有着长达 6000 米游道。谷中竹林环绕，泉水潺潺，游人沿着嶙峋山路拾级而上，除了天然氧吧让人陶醉不已外，还有大小数百个分布在谷中的彩池令人赏心悦目。彩池形状各异，池水深浅不一，晶莹碧透，池底砾石艳丽，水深石怪，被阳光折射出奇瑰的岩石纹理，整个彩池呈现出或晶明或翠绿的色彩，像一颗颗彩色翡翠散布谷间，灵动至极，醉美人心。

翡翠人家（黄山市翡翠谷旅游有限责任公司 供图）

一、水清谷美

　　黄山绽放出的光芒无疑像一颗璀璨的珍珠，优雅恢宏，绚丽夺目。

　　那么彩池的成因为何呢？主要是由于水池底石形状怪异，颜色绚丽，水动石变，石改水色，阳光照耀，百彩交织，霓虹游动，媚态万千。加上水的深浅不同，受到树木遮阴造成的照射强度不同，从而反射出不同颜色的彩池。

水清谷美（汪钧 摄）

二、翡翠谷

翡翠谷也叫情人谷。20 世纪 80 年代，互不相识的男女到翡翠谷游玩，因谷中山路崎岖，临时结伴而行，相互帮助下走遍山谷。正因为如此，结成了许多对情侣，情人谷因此得名。谷中的情人桥上至今仍保留着众多情侣留下的同心锁，见证着那一段段奇妙恒久的姻缘。最浪漫的是"爱"字石，巨石、艺术与情爱浑然天成，令情侣流连忘返。

翡翠谷"爱"字石（杨多文 摄）

翡翠谷奇石耸立，流水潺潺，泉水清澈，周围美景倒映在水中，似一幅山水画卷。有人作诗《游翡翠谷》描述道：

经年深藏白云间，不向寰尘露素颜；
梦绕魂牵奇幻境，山盟海誓恋人湾；
翡簧万梗萧萧影，翠浪千条汩汩潺；
飞瀑碧泉诗画里，瑶池仙境落黄山。
魂牵梦绕下黄山，翡翠仙潭撒谷间；
神涧泛兰翻黛影，灵泉碧绿映清川；
晴飞瀑布烟舒髻，雨罩危崖雾化鬟；
莫笑老夫头白早，临潭顾盼乐开颜。

翡翠谷"爱"字碑（杨多文 摄）

奇石耸立（杨多文 摄）

翠浪潺潺（张正东 摄）

第八节　天湖漂流乐悠悠

天湖景区位于黄山风景区东南麓汤口镇山岔村境内，在翡翠谷与九龙瀑之间。景区内有一条长约2千米的河流峡谷，景区因地制宜，结合景区独有的自然资源和人文资源，将景区划分为峡谷观光、水上娱乐、竹海风情、茶园体验、山越民俗文化等五大主题区，使天湖景区真正成为一个集观光、体验、休闲于一体的综合性景区，因而被形象地称为"隐于黄山的欢乐谷"。

绿水天湖（汪钧 摄）

天湖漂流（林磊 摄）

一、高山湖泊

　　景区内自然资源丰富，拥有华东地区数一数二的高山湖泊——天湖，海拔1184米，上千亩的竹林与茶园交相辉映。天湖景区以"细致精巧、幽深奇趣"见长，其内怪石嶙峋，清流泛歌，碧潭连珠，瀑布如雷；沿河两岸峰峦叠嶂，境内动植物资源丰富，有珍贵的古树名木和珍稀动物资源，如天湖贡鱼、大鲵等，被称为真正的原生态秘境。在此登山游谷，不仅能尽情享受大自然，更能追寻智者足迹，品味深厚的文化底蕴。峡谷内到处可寻文人墨客留下的印记，如刘海粟"虎啸"二字。峡谷内下有鸳鸯池、鸳鸯亭，中有天湖飞石、龙腾亭等，沿谷溪向上直至山顶，有一轮镶嵌于这高山之中的明月——天湖，百余亩的水面，碧波荡漾，掩映于树林之中。每一景观都在静静地等待您的光临，向您讲述美丽的传说。

天湖山清（汪钧 摄）

天湖水美（汪钧 摄）

二、不系之舟

漂流是一种原始的涉水方式，它起源于爱斯基摩人的皮船和中国的竹筏。它是漂流者驾驶无动力的小舟，利用船桨掌握好方向，在时而湍急时而平缓的水流中顺流而下的一种水上体验活动。

漂流的最佳时间一般在每年的 4 月至 10 月，也就是每年的丰水期。丰水期可以利用天然的径流顺流而下，而枯水期时多数河道径流较少，漂流难以进行。我国的气候特点为雨热同期，每年的丰水期正是气候温暖的季节，正适合水上娱乐活动的进行。南方地区的漂流活动期比北方地区要长，南方的水量要更加充足些。黄山市是安徽省水资源量最丰沛的地区，降水量及水资源量丰富，正是适合漂流的好地区。同时，漂流也受当天的天气情况和水文情况影响，如暴雨、水流过于湍急时不适宜进行漂流活动。

漂流分为两种形式。一种是操控式漂流。操控式漂流一般在水流湍急、地形复杂的高山峡谷进行。漂流操控惊险，安全可靠，是游客喜爱的一种主流漂流形式。二是自然漂流。自然漂流一般是在水流比较浅且平缓的河道中进行，让每个游客自由自在地参与漂流活动，漂流组织者只为之提供必要的漂流艇、筏、桨等设备，并在沿途各个要害点上加以监督和保护，由游客自行漂流整个过程。

山溪水满（汪钧 摄）

天湖体验（林磊 摄）

三、水上体验

　　天湖景区内有天竹溪、天河流经，天竹溪源自海拔1184米的天湖，流经峡谷，与源自黄山最高峰莲花峰与天都峰的天河在景区内交汇，并入香溪。现已在景区内的天河谷河道上建成天湖漂流，漂流线路总长3.6千米，其水量丰富，河水清澈见底，水质优良。河道两岸风光旖旎，山体葱翠，翠竹夹岸。漂流以橡皮艇冲浪为主打项目，上下落差40多米，沿途不仅可以欣赏到美丽的风景，更能感受到原生态漂流带来的刺激与快感。在漂流的下站，还设有水上体验带，内有水上自行车、水战船、水上攀岩、蹦床、水上滚筒等一系列水上娱乐项目，可让游客在山谷深处享受戏水带来的刺激与满足。

顺流而下（林磊 摄）

水清谷美（汪钧 摄）

相关链接

丰水期与枯水期 丰水期指江河水流主要依靠降雨或融雪补给的时期，一般是在雨季或春季气温持续升高的时期，这时河中水量丰富。枯水期亦称枯水季，指流域内地表水流枯竭，主要依靠地下水补给水源的时期。

　　丰水期和枯水期的时间月份不是固定不变的，而是由流域自然地理和气象条件决定的。枯水期主要发生在少雨或者无雨季节，起止时间和历时取决于河流的补给情况。我国各地的枯水期一般是秋季开始，延续到次年春季，南方较短，北方较长。当月平均径流量占全年径流量的比例小于5%时，属枯水期。全国大部分地区5—9月份为丰水期、次年2月份为枯水期，其余为平水期。

天湖漂流水道（汪钧 摄）

山温水婉（汪钧 摄）

第三章 黄山水文化

　　水是生存之本、文明之源、生态之要，"绿水青山就是金山银山"。人因自然而生，自然因人而有灵气，人与自然是一种共生关系。

　　"木无本必枯，水无源必竭"，优质而充足的水资源是区域可持续发展的基础。洁净的水资源有利于小气候的调节、净化空气，从而提升生态健康水平。人水关系密切，人文关系与水系统之间有着错综复杂的联系。为了更便捷地利用水资源，无论是山区还是平原，自古人类便有傍水而居的习惯，形成了独特的水文化资源。本章从人文的角度介绍黄山深厚的水文化。

第一节　傍水而结村

　　水源是徽州村落布局的主要因素之一。徽州地处亚热带季风湿润气候带，降水量丰沛。徽州山地之间的平原谷地和丰富的水源为聚居型村落的产生与发展提供了重要的物质基础。山间盆地、谷地为河床发育提供了空间。同时，河流堆积作用形成了肥沃土层。因此，徽州较大的山间盆地、山间谷地必有较大的河流，较大的河流必然塑造出较广阔的平原之地。

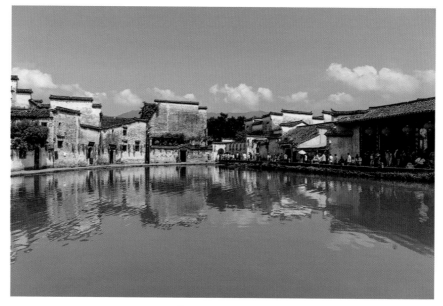

镜花水月（汪钧　摄）

一、古村落

　　在徽州这片独具特色的地域上，孕育着特有的徽文化。古徽州曾受宗族礼制和风水理念的深远影响，这些思想对人可能有如枷锁般起到无形的束缚作用，但对水文化却有着如丝丝甘泉般潜移默化的渗透作用。尤其是风水文化，更受徽州先民的重视。在古徽州人眼里，水是财富的象征，"水者，地之血气，如筋脉之通流者也。故曰水聚财也"。

　　徽州地区多山地、丘陵，山脉之间诸峰对峙，形成许多大小不一的山间盆地和谷地，如黟县、休宁、屯溪、歙县等盆地。而正因为山峦众多，犬牙交错之间孕育了徽州的大小水系，古徽州人傍水结村，面水而居，形成了众多村落。

新安江流域著名的古村落主要有黟县的宏村、卢村、屏山、关麓、南屏、西递，休宁的万安镇和古城岩，徽州区的呈坎、潜口、唐模，歙县的棠樾、瞻淇、渔梁、雄村等。

表 3-1　黄山古村落形态与水系特征举例

村落名称	主要水系	村落形态
宏村	西溪	"牛"形
呈坎	众川河	三街两圳九十九巷
渔梁	练江	"鱼"形
雄村	渐江	纺锤状
西递	金溪、前边溪、后边溪	"三横两纵"街道布局
唐模	檀干溪、筠溪、上川	水口园林和古民居建筑群东西相对

二、宏村

"无边细雨湿春泥，隔雾时闻小鸟啼；杨柳含颦桃带笑，一边吟过画桥西"，这是诗人对宏村的真实写照。位于黄山市黟县东北的宏村，始建于南宋绍兴元年（1131），距今已有近900年的历史，是一种典型的古村落，整体占地面积30公顷。在宏村内部，房屋布局井然有序，在其周围错落分布着稻田及林地，空气清新，加上水的调节作用，置身其中，感觉空气无比清新。宏村"浣汲何妨汐路远，家家门前有清泉"，有"弘广发达"之意。整体平面布局如"牛"形，坐北朝南，背山面水，有"中国画里的乡村"之美称。

宏村人家（汪钧 摄）

1. "牛肚"——南湖

南湖被喻为"牛肚"，具有接纳外来水源及调节当地小气候的功效，在湖中心的小桥之上，游客每每再次摄影留念。

不同时节的南湖，景色差异较大。

南湖之夜（周冰 摄）

夏季的南湖，荷叶舒展，荷花盛开，在空气中散发着淡淡的馨香，令人心旷神怡。树木在水中的倒影与湖面融为一体，毫无违和之感。阴雨之际，雨滴打破了湖面的寂静，鱼儿有的跳出水面，有的在水面若隐若现，似乎在表达自己的欢乐，此时的湖面动中有静，静中有动，让人流连忘返。傍晚时分，放眼眺望，近处是水，远处为山，中间是民居，时而有灯笼之光点缀其中，形成了一幅立体式画卷。

而秋季的南湖则另有一番风韵。若有足够的温差，湖面则会升起层层的薄雾，清风徐来，雾气随之飘动，时而有水鸭在湖面嬉戏，宛如仙境中的舞者，婀娜多姿。金灿灿的叶子与其在水中的倒影交相辉映，如古时的殿堂，鬼斧神工，让人赞叹不已。此时水面之上，荷花已经凋落，留下来的仅是已经枯萎的荷叶，但它们的茎依旧是笔直地屹立在水中，令人联想起它在盛夏

南湖秋色（程大亮 摄）

南湖秋色（程大亮 摄）

时节的美丽。

在黟县宏村南湖北畔，坐落着建于明朝的南湖书院，主要由志道堂、文昌阁、会文阁、启蒙阁、望湖楼和祇园等六部分组成，粉墙黛瓦、马头墙为传统的徽派建筑风格。充满人文气息的南湖书院与周围的自然景观相辅相成、相得益彰。

宏村南湖书院（朱锐 摄）

2. "牛胃" ——月沼

月沼位于宏村中央，形如半月，故名月沼，取花开则落、月盈则亏之意。该处原为天然泉水，冬夏均会有泉水涌出，后引入西溪水，由此修建为池塘。在月沼与房屋建筑之间是由青石板铺设而成的小路，也有些许鹅卵石夹杂其中，漫步其中，如同给脚做了按摩一般，十分舒适。月沼池水虽受人为干扰，但是其巧妙的排水工程设计，使其能够保持常年清澈，起到美化环境、调节空气湿度、温度等作用，加上周围的树木对空气的净化作用，使得空气极为清新。

宏村月沼（周冰 摄）

宏村月色（程大亮 摄）

3. "牛肠"——水圳

水圳又被称为"牛形村"的"牛肠",修建于明永乐年间,至今已有600多年的历史。水圳中的水由外河引入,绕行于住户门前,注入"月沼"之后,再次绕行,最终注入南湖,随南湖之水入河,形成了一个良性循环的活水水系,全长1200多米。水圳中的水可以用于饮用(因生活条件的改善,当地居民现在已经不再直接饮用水圳中的水,取而代之的是自来水),也可以作为其他生活用水,为当地居民带来了便捷。宏村小街巷道较多,游客亦可通过察看水圳中水的流向判别方向,逆水即为进村的方向,顺着水流方向即为出村的方向,水流具有一定的方向指示作用。

宏村全景(汪钧 摄)

4. 民间故宫——承志堂

承志堂建于 1855 年前后，为大盐商汪定贵的私宅，建筑面积 3000 多平方米。其整体为砖木结构，尊卑位序的特征十分明显，建筑与自然融为一体，气势恢宏，不同凡响。其最为精美的地方集中于前厅，整个前厅雕梁画栋、描金绘彩，构思完整，完美地体现了房屋主人的人生追求与处事理念。而前厅的木雕则是画龙点睛之笔，木雕中人物众多，且人不同面、面不同神，有

承志堂（汪钧 摄）

较高的艺术价值，体现了高超的中国古代建筑雕刻艺术与徽文化的博大精深，可谓古徽州留给世界的宝贵遗产。

三、呈坎

呈坎村位于黄山市徽州区，原名龙溪，始建于东汉三国时期，距今 1800 余年。宋代朱熹曾称赞道："呈坎双贤里，江南第一村。"早在 1995 年，呈坎就被安徽省政府批准公布为省级历史文化保护区。呈坎地属亚热带季风湿润气候，年均气温 16℃，气候温和，四季分明。该村四面环山，位于盆地之中，整体设计符合自然规律，可避开冬季的北风及夏季的东南大风。其独有的盆地小气候，使得其更加适合人的居住。村中有溪水流过，整体特征与阴阳鱼相似，发挥着排水、灌溉等作用。该村落距黄山风景区约 40 千米，交通便利。

1. 村落特点

说到呈坎，不得不提及其迷宫般的巷弄。呈坎村由三街九十九巷组成，如同诸葛亮的八卦阵，给人一种走得进、出不来的感觉。村内街巷复杂多变，长短不一，宽窄不同，四通八达，而两侧的房屋较为高大，使人极易丧失方向感。村落位于四面环山的盆地之中，极为隐蔽，整个村庄不易被外界干扰。从另一个角度来讲，幽谷迷巷是为了保护当地的村民，对于陌生之人来讲，如同迷阵；而对于当地人来说，可谓四通八达。

呈坎的夏（姚玉芳 摄）

呈坎夏韵（张正东 摄）

2. 呈坎水圳

呈坎的一个特点是家家户户门前均有水流穿过。最初由潀川河通过两条大的水圳引入村庄，使水流萦绕。各家门前的水圳宽度在 10 厘米至 50 厘米，宽度适中，在方便村民取水的同时，也不会影响小巷路面的宽度，十分便利。

水流自潀川河引入，但很少见到漂浮物，这就体现了设计者的聪明之处。河流入村口的地方，设计者设计了一个分流的出口，部分漂浮物从该分流出口汇入潀川河，并未进入村中，从而使得村中溪流总是那样清澈与干净。曲折蜿蜒的涓涓细流，让这个古村落活了起来，走在村中，如同行在画中一般。

呈坎晨韵（呈坎旅游公司 供图）

3. 罗东舒祠

罗东舒祠，全称贞靖罗东舒先生祠，建于明代嘉靖初年，占地面积为 3300 平方米，建筑融"古、雅、美、伟"于一体，是徽州古建筑的典范之作，被誉为"江南第一名祠"。1996 年，国务院将其公布为第四批全国重点文物保护单位。该祠坐西朝东，里面既包括男祠，也附有女祠等建筑，整个祠堂气势宏伟、内容丰富、建筑风格独特。虽然该祠堂饱经历史的洗涤，但其保存较为完整，尤其是建筑的砖雕、木雕，依旧十分清晰。在该祠堂内有一棵已经存活 400 多年的桂花树，现在依旧枝繁叶茂，有"江南第一桂"之称，具有较高的观赏价值。

罗东舒祠（呈坎旅游公司 供图）

相关链接

徽文化 俗话说"一方水土养一方人"，勤劳智慧的徽州人创造出了在中国历史上别具一格的徽州文化。直到现在，徽州地面文化遗存仍然相当繁多，素有"文物之海"的美称。据调查，旧徽州一府六县境内现存的地面文化遗存有10000余处，其中古建筑7000多处，古牌坊120余座，古祠堂、庙宇、亭阁等更是不胜枚举。

徽商是纵横明清两代的商界巨擘，贵为天下第一商帮，历来备受关注。

徽商经营行业以盐、典当、茶木为最著，其次为米、谷、棉布、丝绸、纸、墨、瓷器等。徽商最早经营的是山货和粮食，如利用丰富的木材资源用于建筑、做墨、油漆、桐油、造纸，这些是外运的大宗商品。外出经商主要是经营盐、棉（布）、粮食等。作为徽商中的代表，盐商是徽商中最势大财雄的群体。

受儒家思想的影响，徽商形成儒商品格，以儒家文化来指导经商。"贾而好儒"是徽商的显著特点。徽商很爱读书，他们有的白天经商，晚上读书；在路途中也是时时忘不了读书。

第二节　门前流清泉

徽州古村落聚居环境的特点，可谓假青山而衔碧水。村落选址往往近山临水面田，为村落的建设和水景观的营造奠定了优良的基础。俗语说"靠山吃山，靠水吃水"，处于丘陵地区的徽州，享山林之便利唾手可得，而水景观的基础——水资源相对稀缺。因此，区域层面的水景观的位置、水的流向或形态成为村落选址的先决条件。水流傍村有利于村落自然环境的营造，水流穿村则能更大限度地发挥其使用功能。

在徽州古村落，每一个古老的村子都有自己的"门户"，这个"门户"是四面环山封闭空间内的"一方众水所总出处"，即徽州村落的"水口"。

水口是徽州古村落重要的构成要素，作为村落水源的出村之口，水口得到了徽州先民们的普遍重视。入村的道路一般沿河水的流向而来，水口便成了村落空间的扉页，也是进入村落的形象标志。因此，水口被徽州人视为村落的村口。

宏村之秋（姚玉芳 摄）

一、唐模

唐模位于黄山市徽州区潜口镇，创建于唐朝，距市政府所在地屯溪约 26 千米。村名由来，一曰是汪氏家族为报唐朝对自己祖先的厚恩，在唐朝衰落之时，按照盛唐的规模而建立的一个村庄；另一说法则是按照盛唐时的标准建立的村落，称为"唐模"。该村落经过一代代的发展，清朝为其鼎盛时期。唐模至今仍具有较为完整的徽派建筑，加上独特的田园风光，徽派气息浓厚。古村落唐模为国家 AAAAA 级风景区，也被评为"中国历史文化名村"，受到众多游客的青睐。

唐模门坊（唐模 供图）

1. 檀干园

"坎坎伐檀兮，置之河之干兮，河水清且涟猗"，坐落于唐模村口附近的"檀干园"就是取其意而命名的。"檀干园"建于清初，被称为"小西湖"。据说清初时期，富人许以诚开了 36 家当铺，腰缠万贯。其母亲年事已高，但对人间天堂西湖情有独钟，十分向往，因无法长途劳顿，许以诚便不惜重金，按照西湖景观设计了檀干园，这里将孝道传达得淋漓尽致，故又称"孝子湖"。其中檀干溪与钱塘江相对应，镜亭对应湖心亭，到镜亭的小桥和短堤表示玉带桥和苏堤，如同来到西湖，身心轻松，美景尽收眼底。

檀干园（汪钧 摄）

2. 水街

水街贯穿于古村落之中，为唐模的特色之一。沿岸粉墙黛瓦，如穿越时空回到古代一般。通过人工改造，水流具有一定的高差，无瀑布的喧嚣，而有潺潺溪水的静谧。在阳光下，白色的水花如同一颗颗珍珠，璀璨夺目。高阳桥横架其上，连同廊房现已改建成茶室，供游客品茶赏景。沿着水街前行，岸边有着长长的"美人靠"，可以稍做歇息，或摄影留念。除此之外，时而有水鸭在水中嬉戏，时而有村姑在溪水旁洗衣物，炊烟袅袅，乡情淳浓，生活是那样平静与朴素，让人向往。

唐模水街（汪钧 摄）

唐模生活（姚玉芳 摄）

3. 同胞翰林坊

徽州古民居、古祠堂以及古牌坊被誉为"古建三绝"，可见该牌坊具有较高的地位。同胞翰林坊是康熙皇帝为表彰许氏家族的许承宣、许承家两兄弟而恩准建造的，整体为三间三楼四柱式，庄重威严。最上层刻有"恩荣"二字，代表皇上恩赐的荣耀，是一种荣誉的象征；中间一层西面板栏上有"同胞翰林"四字；东面板栏上有"圣朝都谏"四字。整个建筑雕刻精美，栩栩如生，充分展示了当时雕刻的精湛技艺。

同胞翰林坊（汪钧 摄）

4. "晒秋"

山区受地势影响，平坦之地较少，最初农民只是将收获的粮食在自家屋顶或者其他平坦之地进行晾晒，久而久之形成了"晒秋"的民俗。秋天是收获的季节，徽州村民将丰收之物在马头墙上、圆圆的晒匾上

晒秋（一）（杨多文 摄）

进行晾晒，一方面表达了丰收的喜悦，另一方面通过精心的设计，以"拼图"等形式将这种喜悦分享给前来观光的游客，充分展示了村民吃苦耐劳与淳朴的民风。

晒秋（二）（汪琳 摄）

除了"晒"金黄的玉米、赤红的辣椒、白色的稻谷及紫色的番薯等粮食作物外，还包括用稻草编制的稻草人、粮仓、农耕用具及卡通人物等，置身其中，可以深刻体验农忙的过程与收获的喜悦。"谁知盘中餐，粒粒皆辛苦"，向游客传达出粮食的来之不易，展现了对粮食的爱惜之情。

二、雄村

雄村原名为洪村，元末时期曹姓人在此定居，取《曹全碑》中"枝分叶布，所在为雄"句，改名为雄村，距今已经有 800 多年的历史。地处黄山市歙县，青山环抱，且新安江从此流过，为一块风水宝地，被誉为"新安第一岛，徽州最雄村"。

1. "四世一品"坊

走进雄村，即可看到气势恢宏的"四世一品"坊，是清朝时期为了褒奖曹氏家族祖孙四代而建。额枋上刻有曹文埴和他父亲、祖父、曾祖父的姓名和官衔，世代显赫，故称"四世一品"。与此牌坊相呼应的是"一品雄村"坊，这里的"一品"有两层含义：一是曹氏家族官居一品，二是细细品味雄村之美。在此牌坊的背面，刻有"宰相故里"四个大字，说的是该处为曹振镛的家乡。曹振镛为军机首辅大臣，当

"四世一品"坊（汪钧 摄）

时已经无"宰相"这一官职，而军机首辅大臣大致与宰相相当，可谓一人之下、万人之上，因此人们习惯称其为宰相，便立有这一牌坊。

2. 竹山书院

竹山书院始建于 1755 年，为清代曹氏族人讲学之所，现在是全国重点文物保护单位。竹山书院体现了前辈对后代子孙的殷切期望，希望他们能

够拥有高风亮节的情操，寄托着他们能够节节高升的期盼。在竹山书院中有一个"桂花厅"，修建此厅的原因在于，曹氏家族为了激励后学之士，在书院的后面单独留有一块空地，规定家族中凡是中了举人的，均有资格在此院种植一棵桂花树，此举成了莘莘学子的一种追求。值得注意的是，当时书院的经费主要有两个来源：一是来自田地，这部分田地种植粮食的所有收益均交于竹山书院；二是来自曹氏商人的捐助，曹氏族人无论贫穷还是富贵均可在此处读书，且不收取费用，即实行的是义务教育，相当难能可贵，可谓一大善举。

竹山书院（汪钧 摄）

3. 桃花坝

雄村紧邻新安江，为防止江水冲刷临江而建的竹山书院的基脚，遂沿江岸修起了一道数里长的堤坝，占地 500 平方米，名曰桃花坝。种植的桃树种类有数十种，每当桃花盛开时节，五彩斑斓的桃花尽情绽放。曹文埴在《石鼓研斋诗钞》中写道："竹溪有桃数百株，花时烂漫如锦，春和景明，颇堪游眺。"这里的"竹溪"便是流经雄村的那条江。"春和景明，颇堪游眺"，体现了对桃花美景的称赞与喜爱，当桃花盛开时，桃花香气四溢，是一个游览观赏的好地方。李白曾写道："清溪清我心，水色异诸水。借问新安江，见底何如此。人行明镜中，鸟度屏风里。向晚猩猩啼，空悲远游子。"这充分体现了江水之清澈。

雄村桃花坝（汪钧 摄）

4. 小南海

小南海又称岑山，是新安江中的第一个岛屿。有关该岛屿的来历有个传说，相传古时候因一次山洪暴发将两边的房屋全部冲走，上游的一座小山随着波浪冲下来，突然一声鸡鸣，小山便停了下来，此后每逢一次洪涝，这座小山就会增高一些，随着岁月的流逝，便呈现出现在的模样。在这座小山上，有一座"周流寺"，取四周皆流水之意，始建于公元911年，经历了宋、元、明、清四个朝代，后来康熙皇帝赐其匾额"星岩寺"一块，便将其改名为星岩寺。

小南海（汪钧 摄）

雄村小南海（汪钧 摄）

三、岩寺

黄山市徽州区东部的岩寺镇，为徽州历史重镇，位于丰乐河畔，素有"黄山南大门"之称。岩寺是徽州区的中心城区，是徽州区的政治、经济、文化中心。

1. 洪桥

洪桥建于 1496 年，已经有 500 多年的历史。当年陈毅经常在此处与当地百姓聊天、谈心、下围棋等。该桥为进入新四军军部的必经之路，小桥流水，风景甚是优美。走进洪桥，第一个小房间为"新四军机要科"，用于存放重要及机密的文件；在桥的另一端为"机要科发报室"。

幽幽丰乐（汪钧 摄）

2. 新四军军部旧址纪念馆

1937 年 10 月，南方八省红军游击队改编为国民革命军陆军新编第四军（简称"新四军"），这里曾经为新四军军部。当时在此处的新四军主要领导人包括叶挺、项英、袁国平、张云逸、周子昆、邓子恢等。从大门进入纪念馆，精美的浮雕映入眼帘，展现了新四军战士英勇奋斗的场景。纪念馆内展览了当时保留下来的部分重机枪、轻机枪、大刀、望远镜、风琴、小提琴以及照相机等，还有部分模拟的会议场景再现。新四军在这里不仅发展壮大了队伍，提高了战斗力，而且对皖南地区的抗日救亡运动起到了重要的推动作用，产生了深远的影响，点燃了抗日的燎原之火，极大地鼓舞了广大人民抗战到底的决心与勇气。

3. 文峰塔

"文峰塔"又名"岩寺塔""水口塔"，为七层八面神龛塔，是岩寺的地标性建筑。岩寺塔下的凤山台，为当年新四军接受点验的点验台。登塔远眺，

岩寺洪桥（汪钧 摄）

新四军军部旧址纪念馆（汪钧 摄）

能够尽观黄山之美。进入夜晚，此塔依旧十分好看，点燃的塔灯从七层塔顶连珠下悬，五彩缤纷，光亮照人；不仅如此，塔的下面当年热闹非凡，有说书的、摆摊的、变戏法的等等。

文峰塔（汪钧 摄）

103

4. 金家大院

金家大院为当年新四军借用岩寺当地的中医世家金家的房子。该房屋为

清朝末年修建，距今已经有100多年的历史，现在为全国重点文物保护单位。除此之外，它既是当年的新四军军部及政治部，也是军长叶挺、副军长项英及警卫员的住处。值得注意的是，金家大院面积较大，

金家大院（汪钧 摄）

包括两层小楼及两个院落，而军长叶挺、副军长项英均是挑选较小的房屋作为自己的卧室，布置得相当简陋，这充分体现了中国共产党领导人没有官架子、勤俭节约的优良品质。

四、南屏

皖南古村落中除了较为熟知的宏村、西递之外，南屏也是不得不看的一处古村。

南屏村又名翰林村，是一座有千年历史、规模宏大的古村落，因背倚南屏山而得名。该村坐南朝北，负阴抱阳，环境优美。唐宋时期为多姓的杂居村落，元朝末年叶、程、李三姓相继迁入，其中以叶姓为主，村庄得到了迅速的扩张，到清代中叶达到鼎盛时期。

1. 南屏水口

万松桥、万松林、雷祖庙、观音楼、文昌阁、南洋书院古建筑群等构成了南屏村最初的水口体系，为当地村民的生产、生活提供了极大的便利。该村水环境较好，并且实行了"河长制"，严格地按照"村规民约"保护水资源，使得当地处处如画似屏。南屏水口被视为珍贵的文化遗产，当地村民持着一种敬畏的态度，不会随意地去改变与破坏，留下来的景色赏心悦目，可谓徽州水口园林的经典之作。

南屏水口［黟县微黄旅游发展（集团）有限公司 供图］

2. 三元井

"三元"即解元、会元、状元的合称，三者分别指明清时代科举考试的乡试、会试、殿试的第一名。三元井有三个取水口，当时修建此井的目的是希望村里的子孙后代喝了此井的水，连中"三元"，为家族争光，能够过上幸福的生活；另一种含义是当时大家基本上都是从井中取水，一口井有三个取水口，可以有效地避免纠纷。

三元井（汪钧 摄）

3. 宗祠林立

南屏村祠堂林立，被誉为"中国古祠堂建筑博物馆"。"邑俗旧重宗法，姓各有祠，支分派别，复为支祠"。现在南屏还保留着 8 座祠堂，大多坐落在村前横店街长约 200 米的一条道路旁。该地为多部电影的取景地，如《菊豆》《卧虎藏龙》等，并且至今仍保留着部分拍摄电影时使用的道具，因此该村落也被称为"中国影视村"。

叶氏支祠（汪钧 摄）

五、许村

许村位于歙县县城西北方向，地处黄山主脉箬岭南麓，该村起源于东汉，古称富资里、任公村、溪源。现在由 6 个自然村组成，村村紧密相连，绵延数十里，有着"十里许"的美名。唐朝末年，许氏迁居至此后，不断繁衍后代，逐渐成为主要姓氏，该村遂更名为许村。历史上该村先后出了 27 名进士，为徽州古村落之最。明清时期，随着当地经济的发展，村落建设发展迅速，至今大概依旧保留着元、明、清、民国的古建筑 100 余座。

1. 高阳桥

高阳桥为一座廊桥，位于昉溪河之上，初建于元代，为木桥，在明朝时期修为石拱桥，再次重修时建为廊桥，是当年通往外界的通道，桥长21米，宽5.3米，在2006年被评为全国重点文物保护单位。在古代，村中人外出或归来之时，多在此桥上送别或者相迎。在廊桥内部建有观音菩萨塑像，主要用来祈祷村中安宁及保佑外出之人平平安安。

许村廊桥（汪钧 摄）

2. 双寿承恩坊

双寿承恩坊修建于明朝隆庆年间，该牌坊为四柱三间五楼式石牌坊，宽7.9米，高9.5米，精美异常。徽商许世积乐善好施，当他101岁、其夫人103岁时，朝廷褒奖赐建"双寿承恩坊"。在双寿承恩坊旁边有一座八角形楼阁，为"大观亭"，该亭为砖木结构，属于楼阁式建筑，一、二层八角檐，三层为四边形，也称"八角亭"。该阁建于明朝嘉靖年间，主要是当年徽商经商之时亲人迎送及歇脚上船的地方，登上此楼阁，周围的美景尽收眼底。现在，"双寿承恩坊"及"大观亭"均为全国重点文物保护单位。

大观亭（汪钧 摄）

双寿承恩坊（汪钧 摄）

3. 五马坊

五马坊位于许村中心位置，当时是为了纪念许伯升所建。在明朝时期，许伯升曾经任职汀州知府。汀州崇山峻岭，匪患不断。许伯升首先清除官府内部与倭寇勾结之人，再慢慢地铲除倭寇，使得倭寇之后再不敢来骚扰。他一生廉洁奉公，为人正派，并将自己的为官之本写成楹联挂在大堂之上，以此来告诫众人并警醒自己，该楹联为"少造一冤一枉乃为官之道，多索一分一厘是祸国殃民"，充分体现了其为官之清廉、行为之端正。"大邦伯"祠堂为许村现存祠堂中规模最大的一座，祠堂里供奉的即是许伯升。

五马坊（汪钧 摄）

相关链接

水口文化　历史上的徽州，地处穷僻，曾经历了晋永嘉之乱、唐安史之乱、宋靖康之乱所造成的三次大的移民迁徙，是一个典型的移民社会。据徽学研究者考证，水口是中原汉文化与徽州土著文化交融的产物。饱尝了战乱迁徙之苦的中原人来到徽州，期望有一个稳定的美丽家园，同时为保日后宗族人丁旺盛，就择地选址，这成了水口文化发达的内在动力。按照徽州民间说法，水口是地之门户，故有"入山寻水口，登穴看明堂"的说法。每个村落的水口布局设计，再现了朴素的美学元素，讲究天人合一，山水和谐，充满无穷的活力。徽州人视建水口为创基业，以寄托美好的愿望。

　　徽州水口位于村头或路口，是整个村子中风景最美的一角。山、水、树是徽州水口的三大要素。村落选址主要遵循前有朝阳山，后有倚龙山，溪水似玉带，为"狮象把门，园林锁口"。水口处有百年古树老枝伸展，枝繁叶茂树冠如盖；有怪石嶙峋，有亭榭庙宇，有石桥泉水，一派生机盎然。水口一般顺山形地势，或人工造景，有青石板路相接，与粉墙黛瓦相衬。水口林是聚集村中旺气的屏障，以银杏、楷树、松树、榆树、沙糖树、樟树为主，力求达到"绿树村边合"的意境。而河水则是水口布局的灵魂，最能显现主人的独具匠心。水口处一般以桥、亭、堤、塘、树等相融合，水口树、水口桥、水口亭以及汪公庙、太子庙等，使水口散发着浓浓的人文气息。

第三节　古村西溪南

　　闻名遐迩的古村落西溪南（又名丰南、丰溪、溪南）位于新安江上游支流丰乐河旁，现属黄山市徽州区（原属歙县）。西溪南是一个千年古村落，该村以吴姓为主，自唐代以来发展至今。民居粉墙黛瓦，马头矗矗，整体分布为东西走向，坐北朝南，石板街贯穿于整个村落，具有别样风情。

一、西溪南古坝

　　西溪南的美与丰富的水资源有着天然的关系。从农业灌溉上讲，西溪南村有吕堨、条堨、鲁堨和雷堨等水坝。水渠呈网格状分布，流经村中。小桥、流水和溪边的人家，美好的自然风光令人心旷神怡。

　　徽州大大小小的堨坝有许多，吕堨是徽州当地最大、最复杂的灌溉系统。

据《新安志》记载：宋代歙县有埂 226 座，休宁 210 座，婺源 17 座，祁门 975 座，绩溪 117 座，黟县 190 座。明初，徽州六县有埂 322 座，清康熙年间有埂 633 座。由于统计口径不一，其实际数字远远大于志书所载。如歙县，中华人民共和国成立初统计，全县有埂 1278 座。1956 年水利工程调查，全县有名称的埂有 1963 座，灌溉面积 2740 公顷。

西溪南古人外出经商，主要从事茶、木、盐等生意，经济发展较好。同时，徽商还带来了许多外地的文友，丰富了古村落的文化生活。在明清时期，祝枝山、董其昌、渐江、石涛等名人纷至沓来，他们吟诗作画、结社论艺，为这个古村落留下了许多动人的话题。

水丰人乐（汪钧 摄）

　　受土地利用方式、土壤肥力及气候等因素影响，为了较好地发展农业，历代都较为重视堨坝的修建，汲水以灌，期盼更好的收成。民国《歙县志》记载："凡叠石累土截流以缓之者曰坝；障流而止之者曰堤；决而导之，折而赴之，疏而泄之曰堨；潴而蓄之曰塘；御其冲而分杀之曰射。"由此可见，堤、坝、堨等的作用不同，堨的主要作用为灌溉。

雷堨坝（汪钧 摄）

堨的修建，对保障农业生产起到了积极的作用。清末徽州知府刘汝骥在《陶甓公牍》中收录了歙县汪达本于宣统元年（1909）的一个调查报告《歙县绅士办事之习惯》，其中有这样一段话："渔梁坝之修复由程氏乐输，万年桥之重新由绅商赞助。其利百世，行人赖之。"歙县县令靳治荆有一首《咏隆堨》诗："隆堨依时浚，凌家世代传。桔槔间外舍，水泽满千田。秧插频加粪，禾收早易钱。先人遗此业，无用叹凶年。"雷堨坝在西溪南村上溪头的丰乐河上，始建于南宋祥兴元年（1278）最初修建时的引水口在石桥村的黄荆潭，引水灌田可达 2 万至 3 万亩。历经数百年水毁严重，现已恢复。

吕堨系梁大通元年（527）新安内史吕文达倡建，分南、北两渠，是徽州地区古堨中至今灌溉效益最大的工程，明成化二十一年（1485）疏浚一次，明万历二十六年（1598）堨塞再浚，清康熙五十九年（1720）采石改筑石坝 80 余寻（每寻 8 尺）。清乾隆十九年（1754），洪水毁坝，渠道淤塞，半数水田沦为旱地，修筑以后，北渠灌田 3187 亩，南渠灌田 1600 余亩，共 4787 亩。嘉庆四年（1799），重疏南、北渠。咸丰元年（1851），渠道复见壅塞，郡守达秀倡议重修，经营七载，工始告成，后以兵乱，复见壅塞，同治四年（1865）再疏。民国年间，原石坝水毁，无力修复，当年群众用炭篓装河卵石，堆砌临时性的拦流软坝，灌田面积锐减至 3600 亩，且半月不雨则旱，一年数毁，修复费工费时，群众戏称"吕堨"为"旱堨"。1951 年 10 月，人民政府组织下游村庄将竹笼坝改建为木桩石坝，同时疏浚老渠，延伸支渠，建涵洞，抗旱能力明显增强。

二、枫杨林

畅游在湿地园林之中，枫杨林可谓其一大特色。不同季节的西溪南，呈现的景观亦有差异。春末夏初，枫杨林绽露出嫩绿的枝芽，在阳光照射之下，是那样的纯净和娇嫩，令人心旷神怡；盛夏时节，则枝繁叶茂，加上潺潺溪水，置身其中，令人忘记了夏暑的酷热，忘记了所有的烦恼，只有轻松与愉悦相伴左右；虽说冬季没有绿意的清爽之感，但展示的是老树瘦骨的本色，在凛冽的寒风之中，昂首挺胸，展示出西溪南人不畏艰难的优良传统美德。

枫杨林（汪钧 摄）

第四节 万转出新安

水运是重要的运输方式之一。新安江河网水系发达，具有天然的运输优势。但是，随着运输方式的增多以及通航等条件的变化，新安江货物运输逐渐减少，相应地客运逐渐增多，乘船观光游览占据绝对的地位，由此带动了沿边小镇的经济发展。

新安江为山区河流，雨期集中在 4—7 月份，洪水暴涨暴落，洪峰持续时间短，但一年中出现多次，一次洪水过程，历时 3～5 天，枯水期一般为当年 9 月份至翌年 3 月份，年平均降雨量为 1700～1900 毫米。唐代孟云卿诗句"深潭与浅滩，万转出新安"，可见在古代新安江水运非常困难。

1959 年和 1968 年，新安江下游分别建成新安江和富春江两大水库，水库大坝把屯溪至杭州的水运线截成三段，航道和航运均有很大变化。

一、布射河

布射河发源于黄山上扬尖东南麓，河道全长 35 千米，宽 25～40 米。在源头地，潺潺流水日夜不息地向山外流淌，这是大自然的馈赠。顺水而下，岱岭、大谷运、汪满田等村庄沿河分布，再经过西坑、双河、黄村、松关、宋村、岑山、东山营，注入扬之河、练江，最终注入新安江。布射河沿线并非均是湍流的河水，在枯水期，河滩出露，时而可以见到游动的小鱼。起初，自布射河顺流而下，有一处深潭，当地人称之为"龙潭"，受高差影响，龙潭上方奔流而下的河水在下方形成百余平方米的水面，但受人为干扰，该深潭已经不复存在。当时关于龙潭还有一个传说，龙潭内的水被称为"圣水"，潭内有一条龙，求雨者将潭内的水装入葫芦之内，并向潭内投一块生铁，便会将龙惹怒，进而龙将会追随"圣水"，所到之处即会产生降雨，从而达到求雨的目的。

布射河（姚玉芳 摄）

二、深渡码头

深渡码头处于昌源河与新安江的交汇地带，是安徽省歙县通往浙江的水上通道，属于重要的物资集散地。于 2000 年兴建深渡旅游码头，将客运码头迁至新安江北岸，老码头仅留货运功能。游客既可乘船至上游村落，也可至下游千岛湖景区，十分便捷。水面波光粼粼，两岸奇峰高耸，有十里画廊的美景。沿岸的房屋为典型的徽派建筑风格，远处眺望，位于山坡之上的房屋时而被薄雾笼罩，仙气飘飘，似乎真有仙人在此处休憩。

深渡码头（姚玉芳 摄）

黄山水文研学之旅

黄山地处亚热带季风气候区，降水量丰富，加上起伏的地表形态及多样的地貌类型，黄山地区发育形成了众多的河流，拥有丰富的水资源和良好的水环境。在优势的水文地貌条件下黄山形成了众多水景观，三瀑、十六泉、二十四溪争相辉映，四季景色各异，构成了一幅山明水秀的水文画卷。

山水宏村（汪钧 摄）

一、研学目标

（1）在黄山不同地点采集水样，现场测量其流速、水深、水温、pH、溶解氧及电导率。了解采集水样的注意事项，理解不同地区水环境的差异性及可能的形成原因。

（2）参观游览黄山温泉、瀑布、深潭等水景观，通过资料的查阅和老师的讲解，综合各种要素整体分析各类水景观的成因，认识"绿水青山就是金山银山"理念的科学内涵。

（3）前往天湖漂流景区，思考漂流的选址及适合游玩的季节，掌握丰水期和枯水期的概念、时间及影响因素等知识。

（4）参观黄山水文站，认识各类水文观测装置，了解水文观测设备的原理，模拟科研人员进行水文观测实验，体验多角度了解水文观测的意义，培养学生一定的实践能力。

二、研学内容

（1）分别在九龙瀑、五龙潭、翡翠谷、前山温泉、宏村采集水样，用测深锤、透明度盘、流速仪及便携式水质仪测量样点的流速、水深、水温、pH、溶解氧及电导率，并现场记录至表格。

地点	采样时间	经纬度	流速	透明度	水深	水温	pH	溶解氧	电导率
九龙瀑									
五龙潭									
翡翠谷									
前山温泉									
宏村									

（2）解释各指标的含义，比较不同采样点的指标差异，观察不同采样点的周边环境及人类活动强度，理解不同地区水环境的差异性及可能的形成原因。

【背景材料1】

影响流速的因素：①河流补给的多少；②地势落差的大小；③流域面积大小及支流多少；④蒸发量的大小；⑤植被覆盖程度。

影响水温的因素：①气温的高低；②风速的大小；③水体的深浅；④水体的流动程度；⑤地热的影响。

影响水质的因素：①水温的高低；②流速的大小；③人类活动；④水体的流动自净能力大小。

（3）参观游览黄山温泉、瀑布、深潭等水景观，通过资料的查阅和老师的讲解，综合各种要素整体分析各类水景观的成因。

【背景材料2】

温泉的形成有三个必要条件：存在地下热水，有足以使热水上涌的压力差，地层中有储存热水的空间。

瀑布的形成原因有很多，主要原因是岩石的软硬程度不一，较为脆弱的岩石被流水侵蚀形成陡坎，坚硬的岩石相对悬挂起来，流水于此飞泻而下，便形成了瀑布。此外，山崩或者熔岩落到河床处，硬化后阻拦河水，以及冰川作用切入山谷之中，在两侧形成的悬崖峭壁上也会形成瀑布。

深潭是瀑布的组成部分，"阶梯深潭"是一种平衡稳定的地貌形态，水流越过阶梯之后，对阶梯下游河床进行冲刷淘蚀，河床不断下陷，便形成深潭。这和滴水穿石是一个道理，水经历长时间滴下把下面的石头滴出一个孔洞，一条河流从山上冲下来，长年累月便形成了深潭。

绿水青山就是金山银山：这是 2005 年 8 月习近平总书记在时任浙江省委书记时在浙江湖州安吉考察时提出的科学论断。规划先行，是既要金山银山又要绿水青山的前提，也是让绿水青山变成金山银山的顶层设计。2017 年 10 月 18 日，习近平在十九大报告中指出，坚持人与自然和谐共生。必须树立和践行绿水青山就是金山银山的理念，坚持节约资源和保护环境的基本国策。

（4）前往天湖漂流景区，思考漂流的选址及适合游玩的季节，理解丰水期和枯水期的概念、时间，掌握其影响因素知识。

	概念	时间	影响因素
丰水期			
枯水期			

【背景材料3】

漂流是在时而湍急时而平缓的水流中顺流而下的一种水上体验活动。漂流的最佳时间一般在每年的 4 月至 10 月份，也就是每年的丰水期，丰水期可以利用天然的径流顺流而下，而枯水期时多数河道径流较少，漂流难以进行。同时我国的气候是雨热同期的，每年的丰水期正是气候温暖的季节，正适合水上娱乐活动的进行。南方地区的漂流活动时期比北方地区要长，南方的水量要更加充足些。黄山市是安徽省水资源量最丰沛的地区，降水量及水资源量丰富，正是适合漂流的好地区。同时，漂流也受当天的天气情况和水文情况影响，如暴雨、水流过于湍急时不适宜进行漂流活动。

（5）了解新安江流域范围，率水为新安江正源，横江为左岸支流。

【背景材料4】

新安江是黄山市的主要河流，属于钱塘水系。它源出休宁冯村五龙山六股尖（海拔1618米）北侧，上源流经祁门县，复入休宁以后称率水，它在屯溪纳横江后，称为渐江，江面展宽，流至歙县城南朱家村又有练江来汇，始称新安江。

屯溪，位于安徽省南部，处于白际山—天目山山系与黄山之间的休屯盆地间，位置地处"两江交汇，三省通衢"——皖、浙、赣三省接合部，也是横江、率水汇合处。屯溪老街坐落在安徽省黄山市屯溪区中心地段，北面依山，南面傍水，全长1272米，精华部分853米，宽5至8米。它包括1条直街、3条横街和18条小巷，由不同年代建成的300余幢徽派建筑构成的整个街巷，呈鱼骨架形分布，西部狭窄，东部较宽。

（6）参观水文站，认识各类水文观测仪器及装备，模拟科研人员进行水文观测实验，体验学习中多角度了解水文过程观测的意义。

【背景材料5】

水文站可以分为基本站、实验站、专用站、辅助站四类。根据每一类水文站的功能、任务以及建设难度和成本以及服务国家建设和社会民生等指标，有着不同的选址条件。

降水量观测误差受风的影响最大，因此，观测场地应避开强风区，其周围空旷、平坦，不受突变地形、树木和建筑物以及烟尘的影响。观测场不能完全避开建筑物、树木等障碍物的影响时，雨量计离开障碍物边缘的距离不应小于障碍物顶部与仪器口高差两倍。按规范要求布设场内各设备。屋面不具备太阳能板及卫星天线安装要求时，应在场内合理位置布设一体化的太阳板及卫星天线安装支架、线缆管道。

水质站点的选址要求设置在国界河流、省界河流、重要饮用水源地、主要河流的干（支）流、重要湖库、重大水利设施等重要水体。选取站点的监测的结果能代表监测水体的水质状况和变化趋势。河流监测断面一般选择在水质分布均匀、流速稳定的平直河段，距上游入河口或排污口的距离大于1千米，尽可能选择在原有的常规监测断面，以保证监测数据的连续性。湖库点位要有较好的水力交换，所在位置应能全面反映湖库水质真实状况，要避免设置在回水区、死水区以及容易造成淤积和水草生长的地方。

三、物资准备

携带物品	品名	备注
个人证件	身份证、学生证等	可交给老师统一保管
日常用品	衣物、雨衣、水杯、干粮、登山杖等	
药品	治疗蚊虫叮咬、创伤等	
学习工具	研学资料、纸张、笔等	
考察工具	采样瓶、透明度盘、测深锤、流速仪、便携式水质仪等	注意仪器的保护
定位及通信工具	带导航地图功能的手机	

四、研学路线

【推荐路线】

第一天：九龙瀑（样点1）—天湖漂流景区（样点2）—翡翠谷（样点3）

第二天：温泉景区—宏村（样点4）—屯溪水文站

五、安全注意事项

1. 学生必须遵守纪律，听从老师的安排，不得擅自离队。

2. 保护好自身的人身安全，特别是采样及漂流过程中谨防溺水，严禁追逐打闹。

3. 讲文明懂礼貌，保护好景区环境，不随意刻画，不乱丢垃圾。

4. 如有身体不适，立刻报告导游及老师。

六、研学成果展示

请从下面两个方面进行研学成果展示。

1. 汇总记录的数据，分析黄山地区水环境的空间分布差异及可能产生的原因。

2. 思考景区对水景观的开发会对黄山地区产生什么样的影响，从积极和消极两个方面回答，从"绿水青山就是金山银山"的生态文明认识角度对黄山景区今后的发展提出你的建议。

参考文献

［1］安徽省黄山市水电局．徽州地区水利志［Z］．1997.

［2］安徽省水利厅．2019 年安徽省水资源公报［Z］．2020.

［3］张伟兵，万金红．我国河流通名分布的文化背景［J］．河海大学学报：哲学社会科学版，2009，11（1）：16－19.

［4］黄山市水利局．2018 年黄山市水资源公报［Z］．2019.

［5］吴军航．名人与西溪南［M］．合肥：合肥工业大学出版社，2014.

［6］黄山市水文水资源局．黄山水文手册［M］．合肥：安徽人民出版社，2014.

［7］朱姝莹．徽州古村落水景观特征研究［D］．安徽农业大学硕士学位论文．2014.